农业废弃物无害化处理与资源化利用技术

NONGYE FEIQIWU WUHAIHUA CHULI YU
ZIYUANHUA LIYONG JISHU

马现永 主编

中国农业出版社
北 京

编 写 人 员

主 编 马现永

副主编 卢志灵 罗雪辉

参 编 （按姓氏笔画排序）

邓 盾 卢尚儒 田志梅 刘志昌

李贞明 李家洲 余 苗 容 庭

曹长仁 崔艺燕 鲁慧杰 鞠彩燕

前言

FOREWORD

近年来，随着种植业、养殖业的迅速发展，中国已成为世界上农业废弃物产出量最大的国家。目前我国每年产生畜禽粪便30亿t以上，农作物秸秆约7亿t，果蔬类废弃物1亿t以上，肉类加工及农作物加工废弃物近2亿t，城乡有机固体废弃物2.5 t。这些农业废弃物的产量相当于同期工业废弃物产生量的3～5倍，如果不进行无害化处理及资源化利用，将会造成严重的环境污染。然而从资源经济学的角度，农业废弃物不仅是环境的主要污染源，同时也是巨大的可再生生物资源。因此，处理农业废弃物的根本途径在于资源化利用，这对于保护生态环境，推动种植业、养殖业的健康可持续循环发展具有十分重要的意义。

党中央、国务院高度重视农业废弃物资源化利用工作，党的十八届五中全会，2016年中央1号文件，《中共中央国务院关于加快推进生态文明建设的意见》《国务院办公厅关于加快转变农业发展方式的意见》《全国农业可持续发展规划（2015—2030年）》围绕环境污染等突出问题做出了明确部署。2016年12月21日，习近平总书记主持召开中央财经领导小组第十四次会议，提出了畜禽养殖废弃物资源化利用的明确要求。习总书记指出，加快推进畜禽养殖废弃物处理和资源化，关系6亿多农村居民生产生活环境，关系农村能源革命，关系能不能不断改善土壤地力、治理好农业面源污染，是一件利国利民利长远的大好事。2017年5月31日，国务院办公厅发布《关于加快推进畜禽养殖废弃物资源化利用的意见》。国务院总理李克强指出，要把农业废弃物转化成为资源和财富，化害为利，变废为宝。2017年6月26日，为贯彻习近平总书记关于做好畜禽养殖废弃物资源化利用工作的指示精神，落实《国务院办公厅关于做好畜禽养殖废弃物资源化利用的意见》，农业部在长沙召开了全国畜禽养殖废弃物资源化利用会议。会议强调必须要在全国范围内建立科学规范、权责清晰、约束有力的畜禽养殖废弃物资源化利用制度，使全国畜禽粪污综合利用率及粪污处理装备配套率达到相应的比例与要求。党的十九大明确指出，建设生态文明是中华民族永续发展的千年大计。永续发展的本质就是资源开发利用既要支撑当代人过上幸福生活，也要为子孙后代留下生存根基。2017 年 10 月 18 日，习近平总书记在十九大报告中指出，坚持人与自然和谐共生，必须树立和践行绿水青山就是金山银山的理念，坚持节约资源和保护环境的基本国策。农业废弃物无害化处理与资源化利用也是践行绿水青山就是金山银山的实际行动。

目前，我国农业废弃物资源化利用的主要方向有能源化、肥料化、饲料化、基质化和工业原料化。以秸秆为例，我国秸秆资源约占农业废弃物资源的10%，但目前秸秆资源的利用仍以效率最低的直接燃烧为主。若将秸秆焚烧还田，能量利用率约 10%；若发酵后作为肥料，能量利用率约 20%；若作为发酵饲料饲喂畜禽，畜禽粪便作有机肥（二次利用），能量利用率可达 60%，畜禽粪便经昆虫过腹再作有机肥（三次利用），能量利用率高达 90%以上。将 40%的秸秆用于发酵饲料，能产生相当于 112 亿 t 粮食的饲用价值，可大大缓解人畜争粮现象，解决饲料资源短缺及饲料成本高等问题。因此，农业废弃物处理及资源化利用技术的先进程度决定废弃物的再利用价值。生产实践中也提倡利用先进的实用性技术进行废弃物多次利用，将废弃物利用价值发挥至最大。另外，若将秸秆资源应用于农村新能源开发利用，如“四化一电”，即秸秆气化、秸秆固化、秸秆炭化、秸秆液化和秸秆发电，将很大程度提高秸秆资源的利用效率，大大降低农村用气用电等成本，有效缓解非再生能源（如煤炭、石油、天然气等）短缺压力。

运用合理、有效的科学技术处理和利用这些农业废弃物，通过优化废弃物资源配置、创新处理技术，将一次利用模式改为多次利用模式，延长生态养殖链，融合一二三产业链条，最大效率利用废弃物，是未来市场产业发展的趋势。然而我国农业废弃物利用率低，综合利用技术研究与实践之间脱节，技术推广困难。主要是该方面的技术研发理论宣传力度不够，技术创新性没有得到较好的示范，有知识产权或有良好适应性能及推广价值的技术应用少，一些成熟技术无法实现产业链的延伸和配套技术间的兼容，长期困扰的一些技术落地应用问题并未得到有效解决。因此，若想真正实现农业废弃物处理与有效利用，需要将相应的关键技术在实践中不断完善优化，并做好关键技术之间的有效衔接。此外，一些成熟的技术还需要进行文字化、规范化，并不断进行实践验证、示范，形成可复制推广的技术模式，广泛宣传。只有这样，才能真正落地，实现废弃物的资源化利用，减少环境污染的同时提高废弃物的价值，变废为宝。撰写本书的目的在于将多年的知识积累、研究、实践经验及文献查阅取证等归纳总结，形成一系列的农业废弃物处理及资源化利用技术，为生产实践者提供技术指导与实际参考。

本书由广东省农业科学院动物科学研究所牵头组织撰写，在写作过程中得到广东省农业农村厅的大力支持，也得到清城区清远鸡产业园的资助，在此一并表示感谢！

编　者

2020年5月

目 录
CONTENTS

1 农业废弃物的定义、来源与分类

我国科技的不断发展以及农业技术装备水平的提高，极大地提升了农业的产量和产能，但随之而来的是产生了大量的农业废弃物。农业废弃物容易腐败变质，随意堆放、焚烧会严重影响城乡生态环境。农业废弃物量大、面广、种类多，有些农业废弃物可以再利用。为了促进农业废弃物的高效化、无害化和资源化利用，国家为此出台了一系列的政策和办法，这不仅能够改善生态环境污染问题，促进社会主义新农村建设，还可以调整农业结构，促进农业供给侧结构性改革和可持续发展。

1.1 农业废弃物的定义

农业废弃物是指农业生产、再生产过程中资源投入与产出物质、能量的差额，即资源在利用过程中产生的物质能量流失份额。它泛指整个农业生产过程中被丢弃的物质，如农、林、牧、渔业生产及其产品加工过程中产生的废弃物。农业废弃物是农业生产、农产品加工、畜禽养殖业和农村居民生活过程中排放的废弃物总称。

1.2 农业废弃物的来源

农业废弃物来源非常广泛，主要来源于以下几方面。

1.2.1 种植业

种植业废弃物主要是农作物在种植、管理、收割、交易等过程中产生的来自本身或者生产过程中产生的废弃物，包括秸秆、藤蔓、叶；农业生产过程中未利用的化肥、农药、塑料残膜以及损坏丢弃的农机用具、生产工具等。我国种植业废弃物资源十分丰富，主要的农作物秸秆就将近 20 种，且产量巨大。据统计，2016 年我国主要农作物秸秆总产量约为 9.8 亿 t，其中水稻秸秆 2.3 亿 t，玉米秸秆 4.3 亿 t，小麦秸秆 1.8 亿 t，豆类、油料、花生、薯类和其他杂粮作物秸秆 1.4 亿 t。此外，还有大量的蔬菜废弃物，据学者统计，每年我国田间地头产生的蔬菜废弃物总量达到 2.69 亿 t[1-2]。农业生产过程中产生了大量未利用的化肥、农药、塑料残膜等废弃物。农用塑料残膜主要包括农用地膜和棚膜、农资农药编织袋、农田水利管件、渔业中的网箱和渔网、建造农渔舍的塑料板材等。据估计，我国每年仅农业生产中的塑料薄膜就能产生超过 200 万 t 的废弃物[3]。

1.2.2 养殖业

养殖业废弃物指在畜禽养殖生产过程产生的粪便、圈舍垫料、废饲料、散落的羽毛等固体废弃物以及含固率较高的养殖废水、臭气等废弃物。据《第一次全国污染源普查公报》显示，畜禽养殖业排放的化学需氧量占全国所有污染物排放的化学需氧量的 41.9%；氮和磷的排放量分别占全国所有污染物氮和磷排放总量的 21.7%和 37.9%[4]，表明畜禽养殖业的粪污排放已经成为我国最重要的污染源之一。

1.2.3 农产品加工

农产品加工废弃物是指农业产品在加工过程中产生的废水、废渣、废气等，以及大量的固体废弃物，包括果皮残渣、畜禽加工的下脚料、甘薯渣、马铃薯渣、甜菜渣、甘蔗渣、豆渣、稻壳、麦麸、菜籽饼粕、酒糟等。我国农产品加工种类繁多，平均每天至少产生 4 000 万 t（干物质基础）的农产品加工废弃物[5]。

1.2.4 农村生活

农村生活废弃物俗称农村生活垃圾，是指在农村地域范畴内，日常生活或为日常生活提供服务的活动中产生的固体废物、废水和废气等。它存在两种类型，一是主要来自农户家庭日常生活产生的垃圾，二是主要来自学校、服务业、乡村办公场所和村镇商业、企业等单位产生的集团性垃圾。生活垃圾的成分主要是蛋壳、剩菜等餐厨垃圾，织物、塑料、纸、陶瓷玻璃碎片、电池等废弃物，以及废弃的生活用品及生产用品等。我国农村人口较多，产生的生活垃圾数量和堆积量较大。据报道，2009 年，我国农村人均固体生活垃圾排放量高达 0.39 t/年，相当于当年城市人均年固体垃圾排放量的 88.6%[6]。

1.3 农业废弃物的分类

由于来源复杂、种类繁多等特点，农业废弃物的分类方法也多种多样。按照来源，可分为植物类废弃物、动物类废弃物、加工类废弃物和农村城镇生活垃圾等；按照形态，可分为固体废弃物、液体废弃物和气体废弃物；按照特性，可分为植物性纤维废弃物和动物性废弃物两大类。随着国家环保形式的日趋严峻及农业废弃物利用的深入研究，农业废弃物又可分为资源性农业废弃物和非资源性农业废弃物[3,7]。现介绍其中应用广泛的两种分类。

1.3.1　按来源分类

1.3.1.1　植物类废弃物

植物类废弃物主要是指农田和果园产生的秸秆、残株、杂草、落叶、果实外壳、藤蔓、树枝等废物。

1.3.1.2　动物类废弃物

动物类废弃物主要是指畜禽养殖过程中产生的粪便、尿液、废气、圈舍铺垫物等。

1.3.1.3　加工类废弃物

加工类废弃物主要是指农产品加工过程中产生的废物，如肉食加工、制糖和植物加工等产生的废弃物。

1.3.1.4　农村城镇生活垃圾

农村城镇生活垃圾主要是指农村或小城镇居民生活过程中产生的餐厨剩余物、生活物品垃圾、粪便等废弃物。

1.3.2　按利用类型分类

1.3.2.1　资源性农业废弃物

资源性农业废弃物指在目前的技术、资金和劳动力等条件允许情况下，农业或农产品加工业的副产品中能作为原材料被再生利用的部分，包括秸秆、食用菌栽培废料、动物性废弃物和畜禽粪便等资源性农业生产废弃物，以及甘蔗渣、甜菜渣、屠宰污血和污水等资源性农产品加工废弃物[3]。

1.3.2.2　非资源性农业废弃物

非资源性农业废弃物主要包括农业生产中的地膜、试剂瓶、农业温室气体、农药等。

1.4　我国主要农业废弃物的产生量和区域分布

1.4.1　农作物秸秆

我国主要农作物秸秆产生总量和区域分布见表 1-1[1]。2016 年，我国主要农作物秸秆产生总量约达到 9.84 亿 t，其中玉米、水稻和小麦三大类作物秸秆产量高达8.22亿t，分别占秸秆总量的41.92%、23.23%和18.36%。棉花、油菜、花生、豆类、薯类等秸秆的产生量分别占秸秆总量的2.44%、3.10%、2.04%、2.84%和3.74%。从秸秆种类来看，玉米和豆类秸秆的主产区在东北地区；水稻和小麦秸秆的主产区在中南和华东地区；棉花秸秆的主产区在西北地区；油菜秆和花生秧的主产区在中南地区；薯类秸秆的主产区在西南和中南地区，而其他作物秸秆以西南区分布较多。从不同区域来看，华北区主要以玉米和小麦秸秆为主，两者占该区域总秸秆量的87.68%；东北区主要以玉米和水稻秸秆为主，占该区域总秸秆量的91.81%；华东区和中南区以水稻、小麦、玉米秸秆为主，分别占该区域总秸秆量的88.23%和80.82%；西南区以水稻、玉米、薯类秸秆为主，占比为69.83%；而西北区以玉米、小麦、棉花秸秆为主，占比为82.88%。

表1-1 2016年中国主要农作物秸秆区域产生量（万t）[1]

秸秆种类	华北区	东北区	华东区	中南区	西南区	西北区	全国
玉米	8 065.76	15 647.12	6 131.84	4 532.24	2 344.01	4 531.37	41 252.34
水稻	97.30	3 898.45	7 758.81	8 321.95	2 485.26	301.65	22 863.41
小麦	2 535.51	27.15	7 217.40	5 305.52	620.12	2 357.27	18 062.97
棉花	239.96	0.03	371.17	311.96	5.72	1 471.31	2 400.15
油菜	71.86	0.01	604.89	1 084.66	844.90	447.39	3 053.70
花生	190.06	231.66	469.62	1 026.13	75.34	15.73	2 008.53
豆类	426.67	1 011.09	502.98	450.12	232.63	168.38	2 791.87
薯类	277.12	58.20	567.08	1 079.06	1 142.96	552.18	3 676.60
其他	186.06	414.75	299.75	346.70	801.94	241.56	2 290.76
总计	12 090.30	21 288.46	23 923.54	22 458.33	8 552.89	10 086.83	98 400.33

1.4.2 畜禽粪便

随着国民生活水平的提高，畜牧业迅猛发展，产生了大量的废弃物。畜禽粪便已成为我国农业污染的主要来源。以饲养的种类来看（表1-2），2013年我国饲养量最大的是家禽类，达到119.05亿只，其次是猪、羊、肉牛和奶牛，分别为7.16亿头、2.76亿只、0.48亿头和0.14亿头。中国的畜禽粪便资源数量巨大，主要由猪粪、牛粪和家禽粪组成。2013年，我国主要畜禽粪便量达6.23亿t，其中猪粪量最多，占总量的36.71%；其次是牛（肉牛和奶牛）粪，约占总量的25.05%；家禽粪占总量的19.14%；羊粪占总量的19.10%。由于不同畜禽的排泄参数、饲养期等的差异，畜禽粪便资源量与饲养量并不成正比。生猪因其体型较大，饲养量大，饲养周期比较长，且单头日排泄量大，其粪便资源量大，是我国最主要的畜禽粪便来源。家禽虽个体小，饲养周期短，单只日排泄量小，但因其饲养量非常大，是我国畜禽粪便的第二大来源。羊的饲养量虽然远不及家禽，但个体较大，饲养周期长，且单头日排泄量是家禽的20多倍，因此其粪便资源量与家禽粪便资源量比较接近。肉牛和奶牛单头日粪便排泄量尽管很大，但由于饲养量远小于其他几类，因此，粪便资源量最少[8]。

表 1-2 2013 年中国畜禽粪便资源量估算[8]

畜禽种类	饲养量（亿头/亿只）	粪便资源量（亿 t）	占粪便总量的比例（%）
猪	7.16	2.29	36.71
肉牛	0.48	0.96	15.44
奶牛	0.14	0.60	9.61
羊	2.76	1.190	19.10
家禽	119.05	1.192	19.14
总计	129.59	6.23	100

在我国，各省（直辖市、自治区）畜禽产业发展规模不同，导致畜禽粪便资源量差异较大。山东省是我国畜禽粪便资源最丰富的地区，其粪便资源量占全国总量的 9.72%，其次是河南省，占全国总量的 8.38%。内蒙古、四川、河北、湖南、新疆、辽宁、湖北、安徽、黑龙江、广东、广西、云南、江苏等省的畜禽粪便资源量均占全国总量的 3%～7%，而其他省份的畜禽粪便资源量均低于 3%[8-9]（表 1-3）。由此可见，我国畜禽粪便资源总量巨大，但地区间差异很大，如何因地制宜、合理有效地利用畜禽粪便资源成为我国的重大挑战之一。

表 1-3 2013 年我国各地畜禽粪便资源总量

地区	猪粪	牛粪	羊粪	家禽粪	合计（万 t）	占总量比例（%）
黑龙江	582.14	1 307.09	312.23	205.18	2 406.63	3.86
吉林	533.4	688.19	145.35	400.98	1 767.92	2.84
辽宁	890.27	699	316.8	755.64	2 661.7	4.27
北京	100.47	82.15	30.55	85.43	298.6	0.48
天津	121.98	100.8	28	80.29	331.08	0.53
河北	1 103.17	1 442.69	908.2	586.6	4 040.67	6.49
内蒙古	297.81	1 590.44	2 330.2	113.81	4 332.26	6.95
山东	1 533.22	1 402.92	1 280.18	1 840	6 056.33	9.72
山西	251.25	205.32	192.5	73.25	722.32	1.16
河南	1 916.45	1 485.46	876.84	944.73	5 223.48	8.38

（续）

地区	猪粪	牛粪	羊粪	家禽粪	合计（万 t）	占总量比例（%）
湖北	1 392.19	305.73	222.19	522.88	2 442.99	3.92
湖南	1 886.22	370.28	283.71	413.45	2 953.66	4.74
江西	1 006.75	296.77	31.11	445.98	1 780.62	2.86
安徽	949.61	289.41	450.84	725.24	2 415.11	3.88
江苏	974.57	119.24	303.68	802.18	2 199.68	3.53
上海	77.27	24.3	18.03	26.46	146.07	0.23
浙江	605.62	38.15	45.21	210.05	899.04	1.44
福建	668.55	71.79	64.89	339.13	1 144.35	1.84
广东	1 196.74	140.47	21.53	1 042.34	2 401.07	3.85
广西	1 104.67	314.82	88.7	823.41	2 331.61	3.74
海南	195.1	54.81	34.13	150.57	434.61	0.70
云南	1 062.17	612.09	341.87	200.11	2 216.24	3.56
贵州	585.56	246.16	88.62	96.96	1 017.29	1.63
重庆	672.54	125.87	98.11	231.96	1 128.48	1.81
四川	2 337.4	608.04	683.21	638.7	4 267.35	6.85
西藏	5.85	422.58	229.74	1.62	659.78	1.06
陕西	379.21	296.84	195.35	50.3	921.7	1.48
甘肃	222.65	449.15	445.67	34.76	1 152.22	1.85
青海	44.01	328.86	268.69	4.05	645.61	1.04
宁夏	30.55	260.26	224.95	12.14	527.89	0.85
新疆	140.48	1 228.89	1 340.67	64.12	2 774.16	4.45

1.4.3 糟渣

糟渣是农副产品加工的废弃物以及工业下脚料，其来源广、种类丰富，通过加工处理可以成为一种很好的饲料原料[10]。

糟渣类主要包括酒糟、酱油糟、醋糟等酿造业糟渣，甘蔗渣、甜菜渣、薯渣等制糖工业糟渣，豆渣以及菌糟等[11-12]。

1.4.3.1 啤酒糟

随着啤酒产量的不断增加，其产生的废渣也迅速增加。2014 年，我国啤酒的年产量超过 490 亿 L，而按照每生产 1 000 L 啤酒产生约 0.25 t 的啤酒糟，至少会产生 1 225 万 t 的啤酒糟。

1.4.3.2 酱油糟

酱油糟是酿造酱油的原料经发酵、抽油或淋油后产生的残渣。2013 年，我国酱油的年产量至少为 750 万 t，按照生产 1 kg 的酱油产生 0.67 kg 的糟渣计算，至少产生 500 万 t 左右的酱油糟。

1.4.3.3 甘蔗渣

我国是世界甘蔗种植大国之一，广西、广东等省是我国最主要的甘蔗产地。2012 年，我国产甘蔗约为 1.23 亿 t，甘蔗渣的产量约占甘蔗产量的 20%，因此，大约会产生 2 460 万 t 的甘蔗渣。

1.4.3.4 木薯渣

木薯是我国的第五大作物，主要集中在广西和广东地区。据统计，现阶段我国木薯年产量在 1 500 万 t 以上，且每加工 1 万 t 的木薯原料，就会产生 0.20 万～0.50 万 t 的木薯渣，因此，每年我国至少产生 225 万 t 的木薯废渣。随着我国木薯种植面积的进一步扩大，木薯渣的产量也将逐年增加。

1.4.3.5 苹果渣

苹果渣是新鲜苹果经破碎、压榨、提汁后的残渣。在我国，苹果是第一大果品，栽培面积和产量较大。据统计，25%的苹果用于深加工成果汁、果酒、果酱和罐头。每生产 1 t 苹果浓缩汁就会产生 0.8 t 湿苹果渣废料，而每年只有约 1/3 苹果渣被用于肥料、饲料，大部分被废弃掉。苹果渣含水量大，酸度高，腐败变质快，没有处理好会对环境造成严重污染。

1.4.3.6 柑橘渣

柑橘是世界第一大水果，年产量约 1 亿 t。从 2007 年起，我国柑橘的种植面积和产量位居世界第一。据农业部生产统计，2013 年，我国柑橘生产面积为 243 万 hm^2，产量 3 276 万 t。在全世界，只有约 2/3 的柑橘用于鲜食，剩余的用于加工。柑橘渣是柑橘用于加工成罐头和榨汁产生的副产物，占柑橘鲜果总重量的 50%左右。目前，全国每年产生的柑橘渣多达 500 万 t[11,13]。

1.4.3.7 菌糠

我国是世界食用菌的第一生产大国，食用菌总产量超过世界总产量的 60%，产地主要集中在黑龙江、山东、江苏、福建和广东等地区。我国食用菌的产量已超过 2 200 万 t/年，至少产生 700 万 t/年的菌糠。

1.4.4 生活垃圾

随着工业的快速发展、人民生活质量的提高，我国生活垃圾产生量从 20 世纪 90 年代的 0.7 亿 t 迅速增加到 2010 年的 1.6 亿 t。目前，我国城市生活垃圾产生量约占世界生活垃圾产生量的 13%。2010—2015 年我国农村垃圾产生量不断增加，随后国家加大对农村垃圾治理力度，各省市出台垃圾处理规范，促使我国农村垃圾产生量从 2016 年开始下降。据统计，2017 年垃圾产生量达到 50.09 亿 t，其中我国农村生活垃圾总量约为 2.27 亿 t[14]。

参考文献

[1] 石祖梁，李想，王久臣，等．中国秸秆资源空间分布特征及利用模式［J］．中国人口资源与环境，2018，28（7）：202-205.

[2] 刘晓永，李书．中国秸秆养分资源及还田的时空分布特征［J］．农业工程学报，2017，33（21）：1-19.

[3] 韦佳培．资源性农业废弃物的经济价值分析［D］．武汉：华中农业大学，2013.

[4] 中华人民共和国生态环境部信息网．关于发布《第一次全国污染源普查公报》的公告［EB/OL］．（2010-02-06）．http：//http：//www.mee.gov.cn/gkml/hbb/bgg/201002/t20100210_185698.htm.

[5] 麻明可．农产品加工废弃物厌氧发酵特性的研究［D］．哈尔滨：东北农业大学，2015.

[6] 孙铁珩，宋雪英．中国农业环境问题与对策［J］．农业现代化研究，2008，29（6）：646-652.

[7] 孙振钧，孙永明．我国农业废弃物资源化与农村生物质能源利用的现状与发展［J］．中国农业科技导报，2006，8（1）：6-13.

[8] 仇焕广，廖绍攀，井月，等．我国畜禽粪便污染的区域差异与发展趋势分析［J］．环境科学，2013，34（7）：2766-2774.

[9] 黎运红．畜禽粪便资源化利用潜力研究［D］．武汉：华中农业大学，2015.

[10] 李淑兰，梅自力，张顺繁，等．我国农产品加工废弃物的类型及主要利用途径［J］．中国沼气，2015，33（4）：70-72.

[11] 王倩宁．浅谈苹果渣的综合利用［J］．食品安全导刊，2018（3）：135.

[12] 吴剑波，姚焰础，董国忠．柑橘渣在动物饲料中的应用研究进展［J］．中国畜牧杂志，2016，52（13）：95-99.

[13] 邓盾，檀克勤，容庭，等．利用柑橘渣作为畜禽饲料的研究进展［J］．中国饲料，2018（7）：64-68.

[14] 张国贤．农村生活垃圾分类处理现状分析和建议［J］．中华建设，2019（1）：16-17.

2 农业废弃物应用现状

农业废弃物属可回收资源，具有极高的价值。有效合理地利用农业废弃物，不仅可降低环境污染，改善生态环境，而且对我国农业经济的发展有着重大意义。目前的农业废弃物资源化利用的主要途径与技术，按途径可分为农业废弃物肥料化、饲料化、能源化、基质化、工业原料化及生态化等几个方向。按属性可分为微生物技术、物理化学技术和材料工程技术等。本文分析农业废弃物资源化利用现状和意义，并对其前景进行了展望。

2.1 农业废弃物资源化利用途径

2.1.1 肥料化

农业废弃物肥料化利用是一种非常传统的应用方式，分为直接利用和间接利用。直接利用就是将秸秆或粪便直接还田，省工省时，但是分解速度慢，利用效率不高。间接利用就是废弃物通过堆沤腐解、过腹、烧灰等方式进行还田，是目前较流行的一种手段，提高肥效快，但还是存在堆放时间长、占据空间大等问题。随着科技水平的提高，催腐剂、速腐剂、酵素菌等生物制剂，将传统的发酵工艺与现代工业化设备相结合，使得肥料化的优点越来越突出，具有周期短、肥效高、污染小、运输易等优点。

2.1.2 饲料化

废弃物中含有大量的蛋白质和纤维类物质，经过处理可以作为畜禽饲料应用，如豆渣、果渣、米糠、餐厨废弃物、菜类等植物性废弃物。目前有许多饲料厂或养殖场应用这些废弃物加工作饲料。动物性废弃物主要是指畜禽粪便和加工下脚料，其中含有未消化的粗蛋白、消化蛋白、粗纤维、粗脂肪和矿物质等。动物性废弃物经过热喷、发酵、干燥等方法加工处理后，可掺入饲料中利用，但是也存在安全隐患问题，需要经过特殊处理。因此，目前动物性废弃物不是饲料化发展的主要方向。

2.1.3 能源化

目前我国主要将农业废弃物通过生物发酵制备沼气，有效促进生态良性循环、缓解农村能源紧张，但是存在技术相对落后、农业废弃物利用率低等问题。目前，全球科研工作者普遍关注利用农业废弃物生产乙醇、丁二醇、糠醛、呋喃类等产品的研究。巴西是利用甘蔗渣制备生物乙醇的主要国家，所产生的生物乙醇与汽油混合物（24%生物乙醇、76%汽油）广泛应用于交通运输业。此外，微生物制氢技术也是目前能源化利用的一项先进技术，可以利用有机废弃物制备氢气。

2.1.4 基质化

一些农作物秸秆、农产品副产品及二次利用的有机废弃物，经适当处理后，可作为农业栽培的基质原料，如玉米秸秆、甘蔗渣、木薯渣、花生壳、粪便等，按照一定的比例混匀，进行适当处理，去除一些有害物质，消灭病原微生物、寄生虫卵等。目前农业废弃物基质化主要应用于动物饲养垫料、植物育苗或栽培、食用菌生产栽培、微生物制剂吸附物料，以及在逆环境下用于阻断障碍因子的物料。

2.1.5 工业原料化

废弃物工业原料化的一种方法就是通过碳化技术，将其形成木炭或活性炭材料，主要是以植物性的废弃物为主，纤维含量或碳水化合物含量较高。此外，利用植物纤维废弃物可以生产人造纤维板、纸板、轻质建材板等。

2.1.6 废弃物生态化

应用昆虫过腹技术等利用农业废弃物生产优质的蛋白饲料资源或医药卫生用的抗菌制剂等，是近年来新兴的废弃物利用的一种模式。

2.2 农业废弃物资源化利用技术

2.2.1 发酵技术

厌氧发酵技术是指兼性厌氧菌和厌氧菌在无氧的条件下，将可降解的有机物分解成甲烷、水、二氧化碳和硫化氢的过程[6]。厌氧发酵具有投资少、能耗低和可回收利用沼气能源等优点，目前被广泛应用于畜禽养殖业。影响厌氧发酵的因素主要有温度、pH 和氮碳比等。温度通过影响微生物细胞内酶的活性以及发酵原料的溶解度来影响发酵效果[7]。产甲烷菌是厌氧发酵中主要的微生物，其有低温（10～25 ℃）、中温（30～40 ℃）和高温（50～60 ℃）3 个适合生长的温度范围，其中中温和高温发酵最为常见。同时，产甲烷菌受 pH 的影响较大，在中性或弱碱的条件下具有较高活性，因此在发酵过程中要控制 pH。碳和氮是微生物生长繁殖过程中必不可少的营养物质，碳氮比是指有机物中碳总量和氮总量的比值，一般认为 C/N 23～30 为宜[8]。

发酵饲料作为一种绿色安全的饲料，是目前动物营养学研究的热点，可实现畜牧养殖向无抗养殖转型。发酵饲料是指以有益菌为菌种，杂粕和农副产品为原料的微生物发酵饲料[9]。发酵饲料原料来源广泛，可以是杂粕和农副产品，比如豆粕、蔗渣和各种果渣，通过发酵变废为宝，实现农业废弃物资源化利用。发酵饲料可提高饲料的适口性，增加畜禽的采食量。研究发现，与未发酵豆粕饲料相比，饲喂发酵豆粕饲料可显著提高 AA 肉鸡的平均日采食量[10]。发酵可改变饲料的营养结构，降低抗营养因子。苹果渣发酵后粗蛋白含量提高约 3 倍，粗脂肪含量约提高 2 倍[11]。菜籽粕发酵后，其中的硫苷、单宁和植酸分别降低 93.44%、34.86%和 18.15%[12]。豆粕通过发酵，大豆球蛋白和胰蛋白酶抑制因子等显著降低[13-14]。发酵饲料可改善畜禽肠道微生物菌群，提高免疫力。发酵饲料中的微生物（乳酸菌、酵母菌和芽孢杆菌等益生菌）进入肠道后，可抑制肠道中有害菌的生长繁殖，调节肠道菌群结构；还可通过其代谢产物（抑菌素等）激发机体的免疫机能，激活细胞免疫和体液免疫，提高畜禽机体的免疫力[15]。

2.2.2 堆肥技术

堆肥是一种传统的农业废弃物处理技术。该技术使用大自然中广泛存在的微生物将农业废弃物中可降解的有机物转化成相对稳定的腐殖质。堆肥过程中，微生物消耗大量有机物使氮、磷、钾等多种微量元素得到富集，实现农业废弃物作为有机肥回田[16]。因此，该过程也是农业有机废弃物减量化、资源化的过程。

堆肥根据发酵原理，可分为有氧堆肥和无氧堆肥。有氧堆肥是在氧气充足的条件下，农业废弃物中的有机物被好氧微生物降解。厌氧堆肥是在氧气不足或无氧的条件下，农业废弃物中的有机物被厌氧微生物降解。堆肥还可根据农业废弃物和环境情况等的不同，分为低温、中温和高温堆肥。目前，高温好氧堆肥是无害化处理畜禽养殖废弃物的较佳方式，在一定程度上，高温好氧堆肥已经逐渐成为畜禽养殖废弃物的主要处理方式[17]。但由于养殖设施、环境和操作水平等因素，我国堆肥技术在农业废弃物资源化利用方面还存在诸多问题[18]。

目前，国外许多发达国家的堆肥技术已达到了规模化和产业化水平。日本研制的卧式转筒式和立式多层式快速堆肥装置，具有发酵周期短、占地少质量优等特点，现已经实现工厂化。美国 BIOTEC2120 高温堆肥系统由 10 个大型旋转生物反应器组成，通过微生物发酵可使 1 300 t 农业废弃物在 72 h 内处理完成，使之变成高质量有机肥。俄罗斯研制的有机发酵装置每天可生产 100 t 有机肥，而且每吨成品肥约含 4.5%的氮、磷、钾等[19]。

2.2.3　垫料技术

垫料是畜禽养殖业中的良好材料。发酵床是垫料的一种。发酵床技术是一种从畜禽养殖的源头解决环境污染的生态养殖技术，具有无污水、无臭气和零排放等特点，是传统厚垫料养殖技术的发展与创新[20]。与传统垫料相比，发酵床的构成材料更加丰富多样，搭配比例更加科学，加入适合的微生物，垫料厚度明显增加[21]。原理是，在传统养殖的基础上，将栏舍地面改造成发酵床，畜禽饲养在发酵床上，排泄物直接排放，通过畜禽翻拱、踩踏或人工翻混，将畜禽排泄物与垫料充分混匀，利用微生物将其完全降解[22]，实现畜禽养殖的零排放和无污染。同时，发酵床也存在一定的缺点，如人工劳动强度大；发酵床面湿度难控制；易生霉菌；与动物直接接触，不利于动物防疫[23]等。因此，研究人员将发酵床升级改良成异位发酵床。在畜禽养殖业中，异位发酵床更受欢迎。异位发酵床需建造发酵池，按照科学配比在发酵池中添加垫料（木屑、谷壳、秸秆粉和玉米芯等），再加入相应的菌种，同时构建粪污管道、机械推翻设备和防雨设施等。畜禽养殖过程中，粪便通过管道进入发酵池，推翻设备将粪便与垫料充分混匀，微生物将粪便中的有机物降解，使其逐渐腐熟，腐熟过程中产生的高温将粪便的病原和寄生虫等杀死，最终将畜禽粪便形成有机肥回田，提高农业废弃物利用率[24]。

2.2.4　青贮、微贮和氨化技术

针对水稻秸秆、杂草、落叶、藤曼、树枝等植物性农业废弃物，通常采用青贮、微贮和氨化的技术将其饲料化。前两者是在厌氧的条件下，利用厌氧微生物将这类农业废弃物降解成可长时间储存且动物易消化吸收的饲料产品[16]。氨化是在氨水、尿素等作用下，破坏植物类废弃物中纤维素、半纤维素、木质素之间的紧密结合，加速分解纤维素和半纤维素，提高秸秆等的粗蛋白和消化率，使动物充分利用其中的营养成分[1]。青贮、微贮和氨化的饲料均具有独特的香味，在饲喂过程中，一开始可少量多次饲喂，使动物采食量逐渐增加。饲喂青贮、微贮和氨化的饲料虽然可提高采食量，但其并不能满足牲畜的营养需求，仍须搭配其他饲料补充营养，以获取更大的经济收益[25]。

2.2.5 过腹还田技术

过腹还田技术一般是指植物性农业废弃物作为饲料饲喂猪、鸡、鸭、鹅、牛、羊、马等动物，经动物消化吸收后变成粪尿，再将粪尿施入农田，而动物将其吸收的营养物质有效地转化成肉和奶等，提高农业废弃物的利用率[26]。

昆虫过腹技术是传统过腹还田技术的创新。自然界中可大规模处理农业废弃物的昆虫有粪食性的蝇类、虻类和粪食性金甲龟等，目前主要是用其幼虫来处理农业废弃物[27]。将家蝇、黑水虻和黄粉虫用于处理农业废弃物均有报道：家蝇可高效转化畜禽粪便；黑水虻适应能力强，可在各种环境中生存，高效转化畜禽粪便和餐厨垃圾等；黄粉虫可高效转化秸秆、麦糠和稻壳等植物性农业废弃物[27-29]。昆虫完成农业废弃物的转化后，其幼虫可作为饲料或添加剂应用到畜禽养殖业中。研究报道，家蝇幼虫粉作为饲料添加剂应用于肉仔鸡饲料中，可提高肉仔鸡的生长性能；黑水虻和黄粉虫具有较高的营养价值，黑水虻粗蛋白含量达44%，黄粉虫粗蛋白含量达56%，并含畜禽生长所必需的矿物质和氨基酸，可作为蛋白质原料应用于畜禽饲料中[28-30]。此外，经昆虫过腹处理过的农业废弃物均可作为有机肥还田。

2.3 农业废弃物资源化利用的意义

目前，农业废弃物处理的情况并不乐观，因农业废弃物所引起的污染日益严重，为了更好地治理农业废弃物，必须将其资源化利用。农业废弃物是具有巨大潜力的资源库，在将其资源化利用的过程中，不仅可以控制农业环境污染，还可以有效提高农业废弃物的资源利用率。现如今我国越来越重视生态环境问题，绿色发展、可持续发展、循环利用发展是当前我国的重要发展理念，农业废弃物的资源化利用符合该发展理念，因此，农业废弃物的资源化利用是我国农业发展的迫切需求[31-32]。

农业废弃物的资源化利用是一个变废为宝的过程，该过程可提高农业废弃物的利用率，实现技术集成，达到种养结合、工农业结合；同时，农业废弃物的资源化利用可解决农业环境污染问题，促进农业结构调整，助力农业经济和社会经济的可持续发展[1]。

由此可见，农业废弃物的资源化利用对我国的环境控制、农业经济发展和社会经济发展有着重大意义。

2.4 结语

农业废弃物的资源化利用是农业发展的一个重要方向，利用现有的科学手段合理利用农业废弃物必定会达到增效减排的效果。农业废弃物的污染问题必须得到重视，人们要深刻认识到环境污染的严峻性以及推进农业绿色、可持续发展的艰巨性和重要性，坚持农业废弃物的资源化利用，杜绝一切直接焚烧、丢弃和填埋等污染环境的现象，进而促进我国农业绿色和可持续发展。

参考文献

[1] 葛磊．农业废弃物资源化利用现状及前景展望［J］．农村经济与科技，2018，29（21）：18-19.

[2] 王培英，刘艳．农业废弃物资源化利用问题研究［J］．农家参谋，2017（17）：224.

[3] 中华人民共和国农业部．关于推进农业废弃物资源化利用试点的方案［R］．北京：中华人民共和农业部，2016.

[4] 国曾锦，徐锐，梁高飞，等．畜禽养殖废弃物资源化利用技术及推广模式研究进展［J］．畜牧与饲料科学，2018，39（8）：56-63.

[5] 赵娜娜，滕婧杰，陈瑛．中国农业废物管理现状及分析［J］．世界环境，2018（4）：44-47.

[6] 伍高燕，畜禽粪便厌氧发酵的影响因素分析［J］．安徽农业科学，2020，48（2）：221-224.

[7] 夏挺．高固浓度玉米秸秆厌氧发酵产酸特性及其对产沼气的影响［D］．沈阳：沈阳农业大学，2017.

[8] 柴阳．铜盐、铬盐对芦苇和牛粪混合厌氧发酵的影响［D］．北京：华北电力大学，2017.

[9] 汪晶晶，任红立，宋建楼，等．微生物发酵饲料在畜禽生产中的应用［J］．饲料博览，2016（5）：24-26，30.

[10] 刘济，戚亚伟，苏恺，等．发酵豆粕对AA肉鸡生长性能的影响［J］．北京农业，2012（15）：117.

[11] Joshi VK，Sandbu DK. Preparation and evaluation of an animal feed by product produced by solid-state fermentation of apple pomace［J］. Bioresource Technology，1997，56（23）：251-255.

[12] 胡永娜，李爱科，王之盛，等．微生物固态发酵菜籽粕营养特性的研究［J］．中国粮油学报，2012，27（3）：76-80.

[13] 杨玉娟，姚怡莎，秦玉昌，等．豆粕与发酵豆粕中主要抗营养因子调查分析［J］．中国农业科学，2016，49（3）：573-580.

[14] Hong KJ，Lee CH，Kim SW. Aspergillus oryzae GB-107 fermentation improves nutritional quality of food soybeans and feed soybean meals［J］. Journal of medicinal food，2004，7（4）：430-435.

[15] 陈磊，沙尔山别克阿不地力大．发酵饲料在家禽生产中的应用研究进展［J］．饲料研究，2020（1）：101-104.

[16] 姜曼曼，周飞．农业废弃物资源化利用技术现状 [J]．低碳世界，2018 (6)：10-11.
[17] 白林，李学伟，周立新，等．畜禽养殖废弃物污染防控技术优缺点分析及对策探索 [J]．中国猪业，2016，11 (11)：40-42.
[18] 魏兆堂．堆肥技术在粪污资源化利用中的应用 [J]．中国畜禽种业，2019 (5)：32.
[19] 孙振钧，孙永明．我国农业废弃物资源化与农村生物质能源利用的现状与发展 [J]．中国农业科技导报，2006，8 (1)：6-13.
[20] 刘俊珍，盛清凯．肉鸡发酵床几个垫料指标的变化规律 [J]．山东畜牧兽医，2011，11 (32)：3-4.
[21] 胡锦艳，刘春雪，刘小红，等．发酵床养猪技术的现状、调研与分析 [J]．家畜生态学报，2015，36 (4)：74-81.
[22] 蒋爱国．发酵床养鸡技术 [J]．农村新技术，2009 (1)：20-23.
[23] 赵厚伟．发酵床养猪模式利弊思考 [J]．中国畜禽种业，2017 (3)：98-99.
[24] 李艳玲，杨梅．异位发酵床在猪养殖中的应用 [J]．畜牧兽医科学（电子版），2019 (18)：19.
[25] 霍艳哲．牧草青贮、微贮和氨化技术 [J]．养殖与饲料，2018 (3)：49.
[26] 潘艳丽．秸秆过腹还田技术概述 [J]．农业科技与装备，2015 (9)：61-62.
[27] 王小云．大头金蝇产卵定位及转化分解猪粪的效率与机制研究 [D]．武汉：华中农业大学，2018.
[28] 余苗，李贞明，陈卫东，等．黑水虻幼虫粉对育肥猪营养物质消化率，血清生化指标和氨基酸组成的影响 [J]．动物营养学报，2019，31 (7)：3330-3337.
[29] 李小龙．秸秆的黄粉虫过腹转化及残渣的综合利用 [D]．重庆：重庆工商大学，2019.
[30] Moula N，Scippo M-L，Douny C，et al. Performances of local poultry breed fed black soldier fly larvae reared on horse manure [J]．Animal nutrition，2018，4：73-78.
[31] 李鹏．农业废弃物循环利用的绩效评价及产业发展机制研究 [D]．武汉：华中农业大学，2014.
[32] 金军勤．农业废弃物循环利用的绩效评价及治理行为 [J]．绿色科技，2018，7 (14)：144-145.

3 农业废弃物微生物发酵饲料技术

随着畜牧业快速发展，我国作为养殖业大国，饲料资源短缺现状日益凸显。2017 年，我国大豆总进口额高达 9 554 万 t，金额 397.4 亿美元；玉米总进口额 283 万 t，金额为 6.033 74 亿美元。人畜争粮是我国一直存在的矛盾问题。另外，抗生素使用的危害日益显著，全球禁止或减少抗生素作为促生长剂在饲料添加剂中使用。因此，开发高效、生态、健康型饲料是我国养殖业亟待解决的问题之一。发酵饲料作为新型饲料，不仅可提高饲料营养价值、转化率，还可作为抗生素替代品促进动物生长，提高废弃物的资源化利用，进而减少环境污染。发酵饲料种类繁多，根据水分含量分为固体发酵饲料和液体发酵饲料。微生物固体发酵饲料分为全价发酵饲料、单一原料发酵饲料、发酵浓缩料、发酵豆粕、酵母培养物和其他发酵产品，而农业废弃物发酵饲料多为其他发酵产品。

根据农业废弃物来源，可将农业废弃物发酵饲料分为秸秆类、蔬菜类、青草类、糠麸类、糟渣类、果渣类、中药渣类等。农业农村部规定的饲料级微生物饲料添加剂有 15 种，用于发酵饲料的菌种主要有乳酸菌、芽孢菌、酵母菌和霉菌等 4 类。农业废弃物微生物发酵可将植物性蛋白转化为单细胞菌体蛋白并提高饲料中蛋白含量，降解粗纤维、单宁等为小分子物质，提高饲料转化率，进而改善饲料品质。但由于农业废弃物发酵饲料与常规饲料的差异性，使用时应注意以下几点：①首先需要进行动物驯化，逐渐增加添加量，并控制动物生长阶段添加量，以满足动物生长的营养需求；②注意调节饲料中营养及能量均衡；③饲喂前，应在饲料中适当补充维生素等；④调节发酵饲料的酸度。农业废弃物作为饲料资源的开发、利用，可减少饲料中粮食作物用量，有效缓解养殖业饲料资源压力及人畜争粮矛盾；降低饲料成本，提高养殖业经济效益；减少农业废弃物的环境污染，缓解养殖业及种植业的环境压力，进而促进节约、集约、循环型畜牧养殖业发展，促进经济、社会、环境效益的最大化。

3.1 秸秆

我国是产粮大国，农作物秸秆资源丰富，占全世界秸秆总产量的 20%～

30%。2016年我国农作物秸秆总产量约为8.1亿t，大部分秸秆集中在华北平原和长江中下游流域及东北地区。秸秆含较高纤维素、半纤维素和木质素等大分子聚合物，存在低营养和低消化率等问题。此外，不同秸秆受季节、地域、成熟度、品种等影响较大，存在采收后保管粗放、营养成分流失、加工处理方式简单等问题。微生物发酵秸秆可软化秸秆，改善适口性，提高营养价值，降低粗纤维含量，同时还有利于解决贮存时霉变问题，对环境安全无污染。秸秆发酵有助于缓解粮食短缺、人畜争粮等矛盾。秸秆的营养成分、缺点、发酵菌种见表3-1。

3.1.1 玉米秸秆

玉米秸秆主要分布在东北地区和华北平原，2016年产量为23 492万t，占农作物秸秆总产量的29.02%，产量超过2 000万t的省份有黑龙江、吉林、内蒙古和山东。

3.1.1.1 玉米秸秆发酵工艺及营养变化

绿色木霉、黄孢原毛平革菌和重组毕赤酵母（1∶1∶1），玉米秸秆添加量10 g，pH 7，固液比1∶9，在30 ℃培养9 d，纤维素、半纤维素和木质素含量分别为32%、22%和11%，降解率分别为21.95%、12%和31.25%[1]。玉米秸秆与玉米面、尿素、石膏、维生素、矿物质元素、水按31.5∶1∶1∶0.5∶0.5∶0.5∶65的比例，分别接种4种侧耳属白腐菌。金顶侧耳发酵玉米秸秆（20 d）的粗蛋白质含量显著高于对照组（不接种菌株）（$P<0.05$），金顶侧耳组、漏斗状侧耳组和红侧耳组的粗脂肪、总酚含量、总抗氧化能力显著提高（$P<0.05$）[2]。淀粉芽孢杆菌发酵24 d，玉米秸秆中木质素、纤维素和半纤维素的降解率分别达48.4%，30.5%和41.4%，降解玉米秸秆中的大分子碳水化合物为葡萄糖、木糖、甘露糖及乳糖等[3]。玉米秸秆粉经复合菌剂（枯草芽孢杆菌XWS-8∶枯草芽孢杆菌MZS-36∶酵母菌JM-1=4∶4∶3）发酵，其粗纤维、中性洗涤纤维（NDF）、酸性洗涤纤维（ADF）分别下降20.02%、14.76%、17.71%（$P<0.01$），粗蛋白质、有机酸、总能分别提高2.1倍、41.04 mg/g和15.69%（$P<0.05$）[4]。

3.1.1.2 玉米秸秆发酵料在动物生产中的应用

发酵玉米秸秆应用十分广泛。发酵及青贮玉米秸秆（乳酸菌、纤维单胞菌、黑曲霉和木霉菌）饲喂小尾寒羊平均日增重、血液总蛋白和白蛋白水平显著高于对照组（铡切玉米秸秆）（$P<0.05$）；料重比分别降低26.84%和23.42%（$P<0.05$），干物质消化率显著高于对照组（$P<0.05$）；发酵玉米秸秆粗纤维、粗蛋白消化率显著高于青贮、对照组（$P<0.05$），尿素氮水平较青贮、对照组显著下降（$P<0.05$）[5]。日粮中添加20%和30%发酵玉米秸秆喂杜

表 3-1 秸秆的营养成分、缺点及发酵菌种

种类	营养成分	缺点	发酵菌种	参考文献
水稻秸秆	含 83.28% 干物质（DM）、4.84% 粗蛋白（CP）、60.4% NDF、39.5% ADF、5.22% ADL、17.59% 灰分、1.52% 可溶性糖（WSC）、31.00% CF，39.69%纤维素，24.81%半纤维素、25.22%木质素，总能约为 16.97 MJ/kg	含有大量纤维素、半纤维素和木质素，表皮角质严密，营养成分含量低，适口性差，消化利用率低，WSC 含量低，常规青贮难以调制出高品质的青贮饲料	植物乳杆菌（*Lactobacillus plantarum*）、布氏乳杆菌（*Lactobacillus buchneri*）、绿色木霉（*Trichoderma viride*）、黑曲霉（*Aspergillus niger*）、产朊假丝酵母（*Candida utilis*）、青霉（*Penicillium*）、长枝木霉（*Longibrach iatum Rifai*）、乳酸菌（*Lactobacillus*）	[9-10],[12],[25-28]
大豆秸秆	含 89.80% DM、5.45% CP、1.12% 粗脂肪、67.95% NDF、55.69% ADF	粗纤维较高，粗蛋白较低，含有丰富的纤维素、半纤维素、木质素，饲料利用率较低	乳酸菌（*Lactobacillus*）	[29-30]
玉米秸秆	含 27.79% DM、5.13%～7.40% CP、56.23%～68.83% NDF、40.35% ADF、3.80% ADL、11.94% WSC、4.40% 淀粉、7.15%～7.45% 粗灰分、1.17% 钙、0.23% 磷、78.54% WSC、110.45 mEq* /kg 缓冲能	主要由纤维素、半纤维素和木质素等组成，粗纤维含量高达 35%～50%，质地粗硬，粗蛋白品质差、含量低，影响采食量和消化率	红侧耳（*Pleurotus diamor*）、金顶侧耳（*Pleurotus citrinopileatus*）、刺芹侧耳（*Pleurotus eryngii*）和漏斗状侧耳（*Pleurotus sajor caju*）、乳酸菌（*Lactobacillus paracasei*）、酵母菌（*Saccharomyce*）、植物乳杆菌（*Lactobacillus plantarum*）、戊糖片球菌（*Pediococcus pentosaceus*）、布氏乳杆菌（*Lactobasillus buchneri*）、屎肠球菌（*Enterococcus Faecium*）、纤维单胞菌（*Cellulomonas*）、黑曲霉（*Aspergillus niger*）、木霉菌（*Trichoderma* spp.）、解淀粉芽孢杆菌（*Bacillus amyloliquefaciens*）、绿色木霉（*Trichodermaviride*）、黄孢原毛平革菌（*Phanerochaete chrysosporium*）、枯草芽孢杆菌（*Bacillussubtilis*）、双歧杆菌（*Bifidobacterium*）、光合细菌（Photosynthetic Bacteri）	[1-5],[31-36]

（续）

种类	营养成分	缺点	发酵菌种	参考文献
花生秸秆	含6%～20% CP、2%～3%粗脂肪、46%～48%碳水化合物，0.17%钙和0.07%磷	富含纤维素、半纤维素及木质素，消化利用率低	平菇真菌（*Pleurotus ostreatus*）、血红密孔菌（*Pycnoporus sanguineus*）、绿色木霉（*Trichodermaviride*）、黑曲霉（*Aspergillus niger*）、黄孢原毛平革菌（*Phanerochaete chrysosporium*）、米曲霉（*Aspergillus oryzae*）、产朊假丝酵母（*Candida utilis*）、里氏木霉（*Trichodermareesei*）、枯草芽孢杆菌（*Bacillussubtilis*）XWS－8、枯草芽孢杆菌（*Bacillussubtilis*）MZS－36、酵母菌（*Saccharomyce*）JM－1	[17],[21],[37-38]
油菜秸秆	含2.14%粗脂肪、2.06%～6.92% CP、46.17% CF、18.34%半纤维素、50.51%～82.12% NDF、5.02%灰分、0.83%钙、0.09%磷、1.13%钾、0.348%硫	秸秆粗硬，含有较高的蜡质、木质素和硅酸盐，细胞壁结晶度高，纤维素与木质素之间有坚固的酯键结构，利用转化率很低，适口性差，采食率低，自然状态下体积大、易霉变	黄孢原毛平革菌（*Phanerochaete chrysosporium*）、香菇菌［*Lentinus edodes*（Berk.）Sing］、虫拟蜡菌（*Ceriporiopsis subvermispora*（Pilat）Gilbn. & Ryv.）、楲射脉革菌（*Phlebia acerina*）、枯草芽孢杆菌（*Bacillussubtilis*）、解淀粉芽孢杆菌（*Bacillus amyloliquefaciens*）、酵母菌（*Saccharomyce*）、平菇（*Pleurotus ostreatus*）、榆黄蘑（*Pleurotus citrinopileatus* Sing）、大球盖菇（*Stropharia rugosoannulata*）、乳酸菌（*Lactobacillus*）	[13-15],[39]
鲜食大豆秸秆	含57.95%DM、13.38% CP、2.7%粗脂肪、42.52% CF、46.54% NDF、58.61%ADF、6.98%粗灰分、1.19%钙、0.30%磷、93.02%有机物、34.39%无氮浸出物（NFE）	水分和粗纤维含量高，不易保存和消化，青贮效果不好	乳酸杆菌、枯草芽胞杆菌（*Bacillussubtilis*）和酵母菌（*Saccharomyce*）	[24]

（续）

种类	营养成分	缺点	发酵菌种	参考文献
棉花秸秆	含 6.5%粗蛋白、44.0%纤维素、10.7%半纤维素和 15.2%木质素	木质素含量高，质地坚硬，适口性差，消化率、可消化能低，单独贮存适口性较差，pH 较高，较难发酵	枯草芽孢杆菌（*Bacillussubtilis*）、植物乳杆菌（*Lactobacillus plantarum*）、酿酒酵母（*Saccharomyces cerevisiae*）、产朊假丝酵母（*Candida utilis*）、地衣芽孢杆菌（*Bacillus licheniformis*）	[18],[22]
燕麦秸秆	含 7.50% 水分、10.89% 灰分、4.74% CP、0.63%粗脂肪、41.29% CF、8.74% 淀粉、1.24% WSC、0.05%钙、1.85%磷	含糖量较低，不能在青贮过程中为乳酸菌提供充足的发酵底物，单独青贮不易成功	木霉（*Trichoderma* spp.）M50537、镰刀菌（*Fusarium* spp.）Q7－31、拟盘多毛孢（*Pestalotiopsis* spp.）M50647、曲霉（*Aspergillus* spp.）3.3567	[19],[40-41]
小麦秸秆	含 94.30% DM、3.52% CP、74.32% NDF、14.27% 粗灰分、1.10%钙、0.19%磷、12.08%WSC、170.42 mEq/kg 缓冲能	纤维素、半纤维素和木质素含量高，蛋白含量最低，适口性较差	塔宾曲霉（*Aspergillus tubingensis*）、巨大芽孢杆菌（*Bacillus megaterium*）和枯草芽孢杆菌（*Bacillus* sp. LX－102）	[23],[32]

* mEq 为我国非法定计量单位，mEq=mmol/L×化学价。如果物质是+1 和−1 电荷（即 NaCl），则 1 mEq=2 mmol。——编者注

长大育肥猪（61.4±5.27）kg，显著降低了平均日增重和料重比（$P<0.05$），添加10%发酵玉米秸秆可降低12.45%饲养成本，且对生产性能及肉品质无明显影响[6]。20%发酵玉米秸秆提高獭兔(1.9 kg)平均日增重14.60%（$P<0.05$），降低料重比10.50%（$P<0.05$）；盲肠内容物大肠杆菌数量降低了46.13%（$P<0.01$），乳酸菌、双歧杆菌、芽孢杆菌数量，蛋白酶、淀粉酶、纤维素酶、葡聚糖酶活力均提高[7]。添加25%发酵玉米秸秆粉饲喂肉鹅21 d，使平均日增重提高21.1%（$P<0.01$），料重比下降6.95%（$P<0.01$），增重成本降低26.67%；添加30%发酵玉米秸秆粉组平均日增重提高7.23%（$P<0.01$），料重比下降3.31%（$P<0.01$），增重成本降低28.38%。因此，发酵玉米秸秆粉可促进肉鹅生长、降低养殖成本[4]。添加10%、20%发酵玉米秸秆粉，可使鸡料重比降低、平均日增重增加（$P<0.05$）[8]。

3.1.2 水稻秸秆

水稻秸秆主要分布在南部和东北地区，2016年产量为21 536万t，占农作物秸秆总产量的26.60%。

3.1.2.1 水稻秸秆发酵工艺及营养变化

在水稻秸秆接入绿色木霉、黑曲霉和假丝酵母（1∶1∶1）3种菌种，接种量为5%，发酵时间为3 d，酵母与混菌同时接入，发酵温度为30 ℃，纤维素酶活力达到85.73 U/mL；长支木霉、青霉和假丝酵母（1∶1∶1）3种菌种的组合，接种量为10%，酵母第1天接入，30 ℃发酵4 d，纤维素降解率达到38.89%[9]。在水稻秸秆中添加2.5 g/t乳酸菌、600 g/t纤维素酶、4%糖蜜和水200 kg/t进行发酵能够降低pH、丁酸和丙酸浓度及粗脂肪、ADF和NDF含量（$P<0.05$），提高干物质、粗蛋白、可溶性碳水化合物含量（$P<0.05$）[10]。添加乳酸菌能增加水稻秸秆的粗蛋白质含量（$P>0.05$），显著降低pH、氨态氮含量、氨态氮与总氮的比值、丁酸含量、NDF及ADF含量，显著增加乳酸的含量（$P<0.05$）[11]。

3.1.2.2 水稻秸秆发酵料在动物生产中的应用

发酵水稻秸秆、羊草对照组绵羊平均日增重和干物质采食量均显著高于空白对照组（饲喂水稻秸秆饲粮）（$P<0.05$），料重比显著低于空白对照组（$P<0.05$），肝脏和瘤胃重量显著高于空白对照组，各组间试验羊屠宰率无显著差异（$P>0.05$）[12]。发酵水稻秸秆（植物乳杆菌、布氏乳杆菌、纤维素酶、木聚糖酶、β-葡聚糖酶、果胶酶、漆酶）饲喂肉用绵羊的生长性能、屠宰性能及器官发育接近羊草的饲喂效果[12]。

3.1.3 油菜秸秆

我国油菜种植面积大，油菜秸秆资源丰富。我国油菜种植面积和产量都居世界首位，占全世界油菜种植面积的1/4，每年产生的油菜秸秆近千万吨。

3.1.3.1 油菜秸秆发酵工艺及营养变化

油菜秸秆与象草以1∶2比例混合，先进行EM菌（EM有效微生物群的英文缩写）高温发酵，50℃保持3 d，然后再调整原料含水量60%，pH 6.3～6.5，加入5%的榆黄蘑食用菌固体菌种，拌匀后裹包发酵至包内长满菌丝为止，此时粗蛋白占比提高至8.8%，粗纤维含量下降至32.1%[13]。油菜秸秆发酵（枯草芽孢杆菌、解淀粉芽孢杆菌、酵母菌）后可以降低粗纤维含量，提高粗蛋白水平。微生物发酵可明显提高油菜秸秆的粗蛋白581.36%、真蛋白15.78%，降低NDF 22.96%和ADF 32.40%[14]。乳酸菌、酵母菌、解淀粉芽孢杆菌混菌发酵油菜秸秆(50 d)NDF、ADF含量分别降低了16.17%、7.68%（$P<0.01$），总霉菌数量显著低于自然发酵油菜秸秆（$P<0.01$），粗蛋白含量较自然发酵油菜秸秆提高了4.88%（$P<0.01$），黄曲霉毒素B1含量低于饲料原料标准[15]。

3.1.3.2 油菜秸秆发酵料在动物生产中的应用

用75%发酵油菜秸秆替换干玉米秸秆可显著提高西门塔尔杂交肉牛对日粮中粗蛋白的消化率，饲喂效果比全部用干玉米秸秆饲喂的效果要好[7,10,14]。在肉羊饲喂试验中，对照组20%发酵油菜秸秆组总采食量和日增重差异均不显著（$P>0.05$）[15]。油菜秸秆和象草按1∶2比例，加入5%的榆黄蘑食用菌固体菌种进行发酵，用发酵后的油菜秸秆饲喂湖羊，料重比达到3.38，经济效益较对照组提高5.5%[13]。

3.1.4 其他秸秆

广西的主要农作物秸秆产量最高，其中93%为甘蔗秸秆[16]。花生是我国主要油料作物，秸秆年产量2 700万～3 000万t[17]。新疆是我国重要的棉花主产区，2015年棉花秸秆年产量693余万t[18]。燕麦是西藏农区的第3大粮食，其秸秆丰富[19]。黑龙江省是我国大豆主产区，大豆秸秆产量约800万t。

3.1.4.1 其他秸秆发酵工艺及营养变化

添加20%麸皮、0.04 kg/t乳酸菌、0.4 kg/t纤维素酶发酵蚕豆秸秆（45 d）的pH、乙酸、丙酸和丁酸的含量及氨态氮/总氮均显著低于对照组（$P<0.05$），而干物质、粗蛋白和可溶性糖类含量极显著提高（$P<0.01$），ADF、NDF和单宁含量极显著降低($P<0.01$)[20]。花生秧粉经复合菌剂发酵后其饲用价值大大提升，花生秧粉经复合菌剂（枯草芽孢杆菌XWS-8、枯草芽孢杆菌MZS-36和酵母菌JM-1=4∶4∶3比例）发酵，其粗纤维、NDF、ADF分别下降25.57%（$P<0.01$）、11.35%（$P<0.01$）与9.50%（$P<0.01$）；粗蛋白、有机酸与总能分别增加52.23%（$P<0.01$）、66.34%（$P<0.01$）与52.98%（$P<0.05$）[21]。棉花秸秆和甜菜渣混贮（枯草芽孢杆菌、植物乳

杆菌、酿酒酵母，60 d），可增加饲料的酸味和香味，pH较低，总酸含量较单贮时明显增加，氨态氮、总氮的含量降低；比例为35∶65、24∶76时，混贮的品质较好[18]。枯草芽孢杆菌与产朊假丝酵母、植物乳杆菌、地衣芽孢杆菌构建复合菌系按1∶1∶2∶1进行棉花秸秆发酵，固体发酵最佳条件为接种量15.0%、发酵时间35 d、水分80.0%，纤维素降解率达35.91%，接种量对纤维素降解率影响最大[22]。

3.1.4.2　其他秸秆发酵料在动物生产中的应用

20%发酵小麦秸秆（塔宾曲霉∶枯草芽孢杆菌∶巨大芽孢杆菌=2∶1∶1）饲喂绵羊，末重、平均日增重显著提高（$P<0.05$），料重比显著降低（$P<0.05$）[23]。发酵鲜食大豆秸秆试验从产前30 d至羔羊60 d断奶，与对照组（无发酵鲜食大豆秸秆）、17.5%发酵鲜食大豆秸秆组相比，52.5%发酵鲜食大豆秸秆组母羊产后30 d日粮干物质、粗蛋白、粗脂肪、有机物的表观消化率显著提高（$P<0.05$），血清尿素氮含量最低（$P<0.05$）；与对照组相比，52.5%发酵鲜食大豆秸秆组羔羊的初生窝重和断奶窝重显著提高（$P<0.05$），母羊初乳中乳脂、乳蛋白、乳糖、乳总固形物和乳非脂固形物的含量显著提高（$P<0.05$）[24]。

3.2　蔬菜废弃物

目前，我国是世界上蔬菜产量最大的国家。据联合国粮食及农业组织统计数据（FAOSTAT），2016年我国蔬菜产量达到5.43×10^8 t，占世界总产量的50.52%。新疆是全国最大的加工番茄产区，种植面积达7.8万hm^2，加工番茄原料6.83×10^6 t[42]。浙江省的茭白种植面积已经达到3.33万hm^2，茭白鞘叶的生物重占茭白植株总重量的50%～70%，每667 m^2的茭白每年产生的茭白鲜鞘叶高达5 t以上[43]。蔬菜易损耗且易腐烂，在收获、贮藏、加工和运输过程中易损耗成为废弃物。蔬菜废弃物产生量占蔬菜重量的30%以上[44]。另外，蔬菜具有强季节性，上市时间短而集中，大量蔬菜废弃物无合理处理利用。蔬菜废弃物有机物和水分含量高，易腐烂变质，不宜贮存。为实现蔬菜废弃物资源化利用，对无腐烂变质的蔬菜进行发酵青贮，可实现长期保存，降低营养物质损失，提高适口性、消化率[45]。蔬菜废弃物的营养成分、缺点、发酵菌种见表3-2。

3.2.1　蔬菜废弃物发酵工艺及营养变化

蔬菜废弃物发酵后，可以延长保存时间，改善原料营养价值。番茄渣用青贮发酵用复合菌发酵后，乳酸和丙酸含量显著增加，NDF、ADF含量分别为

表 3-2 蔬菜废弃物的营养成分、缺点及发酵菌种

种类	营养成分	缺点	发酵菌种	参考文献
番茄渣	以干物质计，番茄渣含 14%～22% CP，粗纤维为 34%左右，富含胡萝卜素、维生素 A、维生素 E、番茄红素等功能性成分	含水量高（75%左右），极易腐败变质，酸度高、难贮藏	乳酸杆菌（*Lactobacillus plantarum*）、米曲霉（*Aspergillus oryzae*）、产朊假丝酵母（*Candida utilis*）、啤酒酵母（*Saccharomyces cerevisiae*）、热带假丝酵母（*Candida tropicalis*）、白地霉（*Geotrichum candidum*）、黑曲霉（*Aspergillus niger*）、绿色木霉（*Trichoderma viride*）、康宁木霉（*Trichoderma koningii* Oud）	[42]，[49]，[52]
花椰菜茎叶	新鲜花椰菜茎叶含 89.06% 水分、1.61% WSC、20.70% CP、20.80% ADF、22.95% NDF	花椰菜采摘有季节性，水分含量高，不宜长时间保存，新鲜花椰菜茎叶缓冲能高（365.79 mEq/kg）不利于成功青贮	植物乳杆菌（*Lactobacillus plantarum* LP07）、干酪乳杆菌（*Lactobacillus casei* LC05）、屎肠球菌（*Enterococcus faecium*）	[50]，[53-54]
马齿苋	富含维生素和微量元素，含有大量的柠檬酸、苹果酸、氨基酸以及生物碱	鲜马齿苋水分较高，易腐烂，水溶性糖含量低，单独青贮时不易调制成优质的青贮饲料	乳酸菌（*Lactobacillus*）	[48]
高山娃娃菜废弃物	含 95.3%水分、0.4% CF、0.9% CP、0.62%灰分、0.18%粗脂肪（鲜渣）		绿色木霉（*Trichoderma viride*）、白地霉（*Geotrichum candidum*）、产朊假丝酵母（*Candida utilis*）	[55]
废弃白菜叶、青笋叶	废弃白菜叶含 2.33%CP、0.42%粗脂肪、1.8% CF；废弃青笋叶含 2.07% CP、0.56% 粗脂肪、1.21%CF		植物乳杆菌（*Lactobacillus plantarum*）SD2、发酵乳杆菌（*Lactobacillus fermentum*）SD4	[45]

50.80%和43.63%，显著低于番茄渣原料。番茄红素、维生素A、胡萝卜素、维生素E、维生素C含量分别为32.19、23.60、0.73、10.20、19.60 mg/kg，较发酵前有所降低[42]。番茄渣与不带穗玉米秸秆以1∶1比例混合，添加米曲霉（按1×10^6 CFU/g加入）能显著提高番茄渣混合青贮饲料的粗蛋白含量（$P<0.01$）和干物质消化率（$P<0.01$），分别达到14.76%和78.84%[46]。植物乳杆菌SD2、发酵乳杆菌SD4按2∶1组合，接种量为0.5%，发酵废弃白菜叶后，粗蛋白、粗脂肪分别提高38.20%、111.90%，粗纤维降低8.43%；废弃青笋叶粗蛋白质、粗脂肪分别提高45.41%、71.43%，粗纤维降低2.32%，颜色淡黄色或黄绿色，pH小于4.0[45]。芥菜叶青贮饲料的粗蛋白达22.24%，NDF低于25%，ADF低于19%，硝酸盐和亚硝酸盐含量较低[47]。乳酸菌制剂（5～20 mg/kg）可改善马齿苋青贮品质和营养价值，降低氨态氮与总氮比值、pH、NDF和ADF含量（$P<0.05$），提高干物质和粗蛋白含量（$P>0.05$）[48]。乳酸菌的添加提高了茭白鞘叶青贮发酵乙酸和丙酸的浓度（$P<0.05$），2%～4%米糠的添加提高了丙酸的浓度（$P<0.05$）[43]。3∶7到6∶4比例混合的番茄渣与全株玉米青贮pH均在3.8以下，随混贮比例增加，发酵产物粗蛋白、有机物质含量及ADF的含量也相应增加[49]。花椰菜茎叶与玉米秸秆以质量比7∶3混贮，可显著提高可溶性碳水化合物、乳酸和丙酸含量（$P<0.05$），降低pH、丁酸含量（$P<0.05$），改善花椰菜茎叶的青贮品质[50]。

3.2.2 蔬菜废弃物发酵料在动物生产的应用

目前，蔬菜废弃物发酵料在动物生产中应用较少，以番茄渣发酵料为主。在日粮中添加番茄渣发酵饲料，围产后期试验组奶牛产奶量显著提高（$P<0.05$），围产前期试验组GSH-Px、T-SOD和T-AOC活力显著提高（$P<0.05$），围产后期试验组奶牛MDA含量较对照组显著降低（$P<0.05$），围产后期试验组红细胞、血红蛋白、尿素氮、低密度胆固醇、铁含量均显著提高（$P<0.05$）[51]。新疆褐牛［泌乳日龄（86±29）d］添喂14%番茄渣发酵饲料后，显著提高了DM采食量、4%校正乳产量（$P<0.05$），分别提高5.12%、5.83%。番茄渣发酵饲料组的乳产量、饲料转化率、乳脂率、乳蛋白、乳糖、总固体固形物在数值上高于对照组（$P>0.05$），添喂番茄渣发酵饲料比对照组每日每头增收效益1.79元，增幅9.68%，每头牛每月可多收入53.7元[52]。

3.3 青草

中国是世界上草原资源最丰富的国家之一，草原总面积将近4亿hm^2，占全国土地总面积的40%，为现有耕地面积的3倍。黑龙江、吉林、辽宁、内蒙古、宁夏、甘肃、新疆、青藏等草原区主要为放牧区，存在枯草期，发展人工种草、发酵青草可以弥补枯草期青草产量低的不足。而南方有大片的草山草坡以及零星草地，青草种类繁多，但部分青草生产期集中，加之气候潮湿多雨，干草调制难，产草高峰期发酵青草可以长期保存青草，解决季节性供应不平衡的问题。此外，对青草进行发酵处理，通过微生物降解，使多糖、粗纤维和有毒有害物质及抗营养因子分解、转化成可吸收利用的有机酸、小肽等，形成适口性好、活菌含量高、维生素丰富、毒性低的生物饲料。青草的营养成分、缺点、发酵菌种见表3-3。

3.3.1 青草发酵工艺及营养变化

添加微生物单独发酵青草能够降低pH和提高乳酸含量，提高青草营养成分，降低抗营养因子，改善单独青贮发酵品质差的问题。赖草直接青贮发酵品质较差，经乳酸菌处理后可显著降低pH和提高乳酸含量（$P<0.05$）[56]。在干物质含量为30%、40%的多花黑麦草中添加布氏乳杆菌，使乙酸含量显著提高（$P<0.05$），植物乳杆菌处理组乳酸含量显著提高（$P<0.05$）[57]。苜蓿草粉发酵后，粗蛋白、粗脂肪、无氮浸出物分别提高15.52%、9.23%、3.22%，粗纤维降低60.63%，粗灰分、钙、总磷变化不大[58]。乳酸菌发酵藕草能够显著降低pH、氨态氮与总氮比值（$P<0.05$），增加乳酸、乙酸、可溶性碳水化合物和粗蛋白含量，降低ADF、NDF含量[59]。高丹草单独青贮时氨态氮含量高，营养物质损失大，添加乳酸菌能显著降低高丹草青贮饲料的pH（$P<0.05$），提高乳酸含量，减少氨态氮含量；添加植物乳杆菌、纤维素酶能显著降低高丹草青贮饲料的NDF含量（$P<0.05$），但对营养成分的影响不显著[60]。

微生物发酵混合青草，能改善单独发酵青草的品质。乳酸菌制剂可提高多年生黑麦草与玉米秸秆混合青贮饲料的发酵品质，使pH、丙酸和丁酸含量显著降低（$P<0.05$），氨态氮/总氮值低于对照组（$P<0.05$），乳酸、粗蛋白和水溶性碳水化合物含量增加[61]。对苜蓿和披碱草（30∶70）添加0.025%的乳酸菌制剂，发酵效果最好，pH低，氨态氮含量少，V-Score得分最高[62]。与苏丹草单贮相比，苏丹草与草木樨混贮的乳酸、NDF和ADF含量显著下降（$P<0.01$），粗蛋白含量显著增加（$P<0.05$），干物质消化率达到79.7%，显著提高（$P<0.05$）[63]。

3.3.2 青草发酵料在动物生产的应用

发酵青草应用于动物，能够改善生产性能，促进动物生长，减少养殖成本。红三叶草固态发酵能改善肉仔鸡生产性能，提高日增重、饲料利用率以及

表 3-3 青草的营养成分、缺点及发酵菌种

种类	营养成分	缺点	发酵菌种	参考文献
黑麦草	含 15.57% CP，4.00% 粗脂肪，37.26% NDF，27.78% ADF，0.46%钙，0.48%总磷	集中在夏季，生产期多阴雨，调制青干草较为困难。水分含量过高，缓冲能较高，极易造成梭菌的大量繁殖，容易产生大量的青贮渗出液	植物乳杆菌（*Lactobacillus plantarum*）、布氏乳杆菌（*Lactobacillus buchneri*）、面包乳杆菌（*Lactobacillus panis*）、谷物乳杆菌（*Lactobacillus frumenti*）和香肠乳杆菌（*Lac tobacillus farciminis*）	[57],[64-66]
红三叶草	异黄酮是红三叶草中特殊的活性成分。含 24.47% CP、13.45% 灰分、56.67% NDF、25.72% ADF、1.68%钙、0.26%总磷	红三叶草糖含量低，单独青贮时易出现发酵不良的现象	米曲霉（*A. niger*）3.3148 菌株	[67-68]
苜蓿	含 19.20% CP、2.60% 粗脂肪、22.60%CF、33.54% NFE、7.78%粗灰分、2.05%钙、0.44%总磷	苜蓿纤维硬而粗糙，适口性较差，含有不利于畜禽生长的皂苷等化合物，限制其充分利用	乳酸菌（*Lactobacillus*）	[58]
草木樨	含 14.88% CP、2.09% 粗脂肪，3.30%纤维素、8.27%灰分	水溶性糖含量低，缓冲能高，青贮调制相对比较困难	乳酸菌（*Lactobacillus*）	[63],[69]
杂交狼尾草	含 20.87% CP、5.51% 粗脂肪、55.10% NDF、24.52% ADF、0.33%钙、0.45%总磷[65]	种植多集中于长江中下游及以南地区，潮湿多雨，干草调制比较困难，且杂交狼尾草利用期短，产量集中，季节间不平衡	乳酸菌（*Lactobacillus*）	[65],[70]

（续）

种类	营养成分	缺点	发酵菌种	参考文献
象草	含20.43%DM、5.21% WSC、9.51% CP、60.01%NDF、9.25%ADF	夏季产量高，冬季生长受阻，不利于全年均衡。南方易雨淋、霉烂，调制干草比较困难。象草茎秆粗壮，不易青贮。象草的缓冲能较低，为94.42 mEq/kg，乳酸菌利用WSC可产生足够的乳酸，抑制丁酸发酵	植物乳杆菌（*Lactobacillus plantarum*）、干酪乳杆菌（*Lactobacillus casei*）、戊糖片球菌（*Pediococcus pentosaceus*）	[71-72]
虉草	含52.64%DM、7.23%WSC、7.29%CP、54.96%NDF、36.47%ADF	收获时期恰值雨季，干草调制困难，营养损失严重	乳酸菌（*Lactobacillus*）	[59]
披碱草	含22.74%DM、4.68% WSC、13.64% CP、9.69%灰分、69.71%NDF、33.08%ADF、1.63%酸性洗涤木质素、31.45%纤维素、36.63%半纤维素	分蘖较多、叶量大、产草量高。开花后茎秆较粗硬，适口性差	乳酸杆菌（*Lactobacillus*）、乳酸片球菌（*Pediococcusacidilactici*）	[73]
赖草	含38.89%DM、5.43% WSC、18.22% CP、61.19% NDF、35.60%ADF、9.46%ADL酸性洗涤木质素、缓冲能125.82 mEq/kg	幼嫩时山羊、绵羊喜食，夏季适口性降低。叶量较少且质地粗糙，丛生性差	乳酸菌（*Lactobacillus*）	[56]

成活率，0.2%米曲霉发酵红三叶草组日增重最高[68]，对血液生化指标影响不大[74]，0.1%发酵红三叶草能显著提高肉仔鸡的胸腺指数（22、36、49 d)、脾脏指数（49 d)、法氏囊指数（22 d)（$P<0.05$）[75]。25%发酵皇竹草、75%自配精料配合饲喂清远麻鸡，大大提高了饲料利用效率（$P<0.05$），其增重比商品料少用成本 1.31 元/kg[76]。10%发酵苜蓿草粉饲喂狮头鹅，平均日增重较基础饲粮组提高了 19.48%（$P<0.05$）；添加发酵苜蓿草粉提高血清 GSH-Px、SOD 和 CAT 活性（$P<0.05$），即发酵苜蓿草粉可促进狮头鹅生长，提高机体抗氧化能力[58]。

3.4 糠麸

我国是世界第一大产麦国，2016 年小麦产量达 1.288×10^8 t（国家统计局）。面粉生产中会产生大量麸皮，小麦麸皮年产量可达 3.0×10^7 t。2016 年我国水稻产量达 2.071×10^8 t，大约每 100 kg 稻谷可产生稻壳 20 kg、米糠 6～9 kg。我国米糠资源丰富，从黑龙江到海南均广泛分布稻谷种植区，每年米糠产量约 1.2×10^7 t。我国 2017 的米糠年产量达到 2.15×10^8 t（国家统计局）。玉米皮占玉米粒重量的 9%～13%，玉米皮年产量将近 3.0×10^7 t。麦麸、玉米皮、米糠等通过微生物的发酵降低抗营养因子含量，将无法利用或利用率低的成分，分解成易于消化的小分子物质，提高蛋白质含量及消化率，部分替代蛋白饲料。固态发酵可以降低米糠中的脂肪含量，减少酸败，延长米糠保存时间[77]。糠麸在发酵饲料中主要作为吸收剂、稀释剂，以一定比例添加到各种原料中进行发酵。糠麸的营养成分、缺点、发酵菌种见表 3-4。

3.4.1 麸皮

3.4.1.1 麸皮发酵工艺及营养变化

发酵麸皮（枯草芽孢杆菌∶乳酸菌＝1∶2）的粗蛋白含量为 23.67%，较未发酵组提高 56.56%，粗脂肪、粗灰分的含量均显著增加（$P<0.05$），无氮浸出物含量显著下降（$P<0.05$），钙、磷含量均无明显变化，干物质、粗蛋白消化率均显著提高[78]。5%酵母发酵后麸皮葡萄糖透析延迟指数提高，阳离子交换能力下降，蛋白质含量提高 79.8%（$P<0.05$）[79]。经发酵后的麸皮饲料（酵母用量为 7 mL 1×10^9 CFU/g、益生菌用量为 0.18 mL$\times10^9$ CFU/g、淀粉酶用量为 0.10 mL、硝酸铵用量为 6.00 g，10 d）具有良好的稳定性，室温存放 1 年其游离氨基酸含量及其他特性无明显变化，可以长期存放[80]。米曲霉 GIM3、棒曲霉和泡盛曲霉固态发酵 4 d 后的麦麸的 DPPH 自由基清除能力、$ABTS^+$ 清除能力、FRAP 抗氧化能力和金属螯合能力均强于没有发酵的麦麸，

表 3-4 糠麸的营养成分、缺点及发酵菌种

种类	营养成分	缺点	发酵菌种	参考文献
麦麸	含 88.36% DM、94.80%有机物、16.60% CP、36.37% NDF、10.93% ADF、8.74%粗纤维、3.31%粗脂肪、5.20%粗灰分、0.85%钙、1.38%磷	麸皮口感粗糙，有苦涩味，粗纤维含量较高，抗营养因子主要为阿拉伯木聚糖，具有较高的黏性，养分利用率降低，不宜长时间储存，麦麸的吸水性较强，易结块霉变，容易受呕吐毒素污染	米曲霉（*Aspergillus oryzae* GIM3）、棒曲霉（*Aspergillus clavatus*）、泡盛曲霉（*Aspergillus awamori*）、产朊假丝酵母（*Candida utilis*）AS1.281、枯草芽孢杆菌（*Bacillus subtilis*）、凝结芽孢杆菌（*Bacillus coagulans*）、地衣芽孢杆菌（*Bacillus licheniformis*）、康氏木霉（*Trichoderma koningii*）、活性干酵母（No.1388560128）、纳豆芽孢杆菌 B1（*Bacillus natto* B1）、嗜酸乳杆菌（*Lactobacillus acidophilus*）	[78-81]，[89-92]
米糠	含 12%～16% CP、16%～22%粗脂肪、5.7%CF，7.5%粗灰分，44.5%，0.07%钙，1.43%总磷，0.2%有效磷。必需氨基酸、酸性氨基酸、呈味氨基酸相对含量分别为 33.99%、25.99%和 48.42%	粗糠脂肪含量高，能量较高，适口性好，饲料价值高，但大量饲喂会导致家畜下痢。米糠易发生严重酸败产生刺激性气味，代谢困难，加重肝脏负担，小分子的醛类有显著致癌毒性	猪回肠枯草芽孢杆菌（*Bacillus subtilis*）、红曲（*Monascus anka*））M180、木耳（*Auricularia auricular*）A900、黑曲霉（*Aspergillus niger*）F0045、保加利亚乳杆菌（*Lactobacillus bulgaricus*）、乳酸链球菌（*Lactic streptococci*）、植物乳杆菌（*Lactobacillus plantarum*）、干酪乳杆菌（*Lactobacillus casei*）、肠膜明串珠菌（*Leuconostoc mesenteroides*）	[77]，[83-85]，[93-95]
玉米皮	含 92.18% DM、3.59%粗灰分、11.49%～16.81%CP、58.71% NDF、16.28%ADF、13.77% CF、2.50%～2.73%粗脂肪、0.09%钙、0.90%磷、15.50%淀粉	粗纤维含量高、适口性差、难于被动物消化利用	毕赤酵母菌（*Pichia pastoris*）、白地霉（*Geotrichum-candidum* Link）、产朊假丝酵母（*Candida utilis*）、啤酒酵（*Saccharomyces cerevisiae* Hansen）	[87-88,90]

其中以泡盛曲霉能力最强，且与麦麸质量浓度成正比[81]。

3.4.1.2 麸皮发酵料在动物生产的应用

利用麸皮发酵饲料［酵母（10^9 CFU/g）用量为 7 mL、益生菌（10^9 CFU/g）用量为0.18 mL、淀粉酶用量为 0.10 mL、硝酸铵用量为 6.00 g，10 d］代替麸皮进行育肥猪生产，使育肥猪日采食量增加 3.7%，饲料增重比下降 4.3%，日增重提高 8.2%[80]。6%、9%发酵麸皮（按 10∶1 的比例将麸皮与小麦粉混合，加入 40%的凉开水混合均匀，接入 10%酵母菌，在 35 ℃密闭发酵18 h）替换普通麸皮的仔猪末体重、平均日增重、平均采食量均显著提高，料重比、腹泻率和死淘率均显著下降，且保育仔猪肤色毛况得到有效改善[82]。

3.4.2 米糠

3.4.2.1 米糠发酵工艺及营养变化

接种生长 9～10 h 的枯草芽孢杆菌在发酵 5 d、含水量 35%、接种量 3%的条件下，发酵米糠的蛋白质提高至 20.34%，赖氨酸提高 22.83%，缬氨酸提高 37.66%，脯氨酸提高 43.06%[77]。黑曲霉对米糠进行固态发酵，蛋白和灰分含量相比于发酵前明显增加，脂肪和总糖含量随着发酵时间的延长逐渐降低；在温度 37 ℃，时间 102 h，水分含量 60%，初始 pH5.5，接种量 20 mL/100 g 条件下，发酵米糠的真蛋白含量 19.65%，提高了 41.88%，蛋氨酸和苏氨酸占总氨基酸含量分别提高了 73.92%和 22.99%（$P<0.05$）；原米糠中氨基酸含量为 11.76%，发酵 72 h 后氨基酸总量达到 15.22%，增加了 29.42%（$P<0.05$）[83]。在红曲和木耳发酵米糠（料水比 1∶9）过程中，总脂肪酸含量由 200.75 mg/g 分别下降至 68.35 mg/g 和 79.95 mg/g，不饱和脂肪酸占总脂肪酸的比例与发酵前相比无明显变化[84]。嗜酸乳杆菌发酵（接种量 6.25 Lg CFU/g）72 h 后脱脂米糠中总糖和还原糖分别下降了 31.33%和 60.76%，不溶性酚类物质下降 20.32%，而 24 h 时可溶性酚类物质含量提高 33.00%[85]。杏渣单独青贮感官品质较差，添加米糠后乳酸含量提高（$P<0.05$ 或 $P<0.01$），pH、氨态氮/总氮和丁酸的含量降低（$P<0.05$ 或 $P<0.01$），混合青贮料中干物质、粗蛋白、NDF、ADF 的含量随着米糠添加比例的增加而逐渐升高，80%杏渣＋20%米糠混合青贮较为适宜[86]。

3.4.2.2 米糠发酵料在动物生产的应用

发酵米糠产物（枯草芽孢杆菌 PL83，水分含量为 35%、接种量为 3%、发酵时间为 5 d）饲喂临武鸭平均日增重提高 0.72%和 0.82%，料重比分别降低 0.14%和 0.19%，极显著降低死亡率（$P<0.01$）[77]。

3.4.3 其他糠麸

25 ℃恒温培养 48 h，毕赤酵母菌浓度（2.31×10^7 CFU/mL）发酵米皮，纤维素含量由 16.40%降到 6.22%，半纤维素含量由 47.68%降到 33.45%[87]。以产朊假丝酵母、啤酒酵母和白地霉联合固态发酵玉米皮，优化得到最佳的发酵条件为菌液接种量 7%，固态发酵培养基料水比 1∶1.8（g∶mL），发酵温度 31 ℃，发酵时间 80 h，此时真蛋白含量可达 15.6%，是发酵前的 1.94 倍[88]。

3.5 糟渣

糟渣是酿造业、制糖业、食品工业等在加工过程中形成的副产品，如酒糟、糖渣、酱糟、醋糟、食用菌菌糟、豆渣等。糟渣类作为非常规饲料具有资源丰富、种类繁多、产量高等特点；但其缺点是适口性差，粗纤维含量高，能量含量低，抗营养因子高，直接饲喂饲料消化率低等。然而，糟渣进行微生物发酵可有效改善饲料适口性，减少抗营养因子含量，提高糟渣类饲料消化率。不同糟渣的营养成分、缺点及发酵菌种等存在差异，详情见表 3-5。

3.5.1 酒糟

酒糟是酿酒工业的副产品，我国年产酒糟 3.0×10^7 t。白酒主产区为山东、四川、浙江、江苏、安徽、河南等地区，啤酒主产区为山东、浙江、辽宁、河北以及黑龙江等地区。酒糟富含粗蛋白、糖类、粗纤维、必需氨基酸、有机酸、胡萝卜素、维生素和微量元素等多种营养成分，然而酒糟中还含有甲醇、乙醇等杂醇类物质及甲醛乙醛等醛类物质。因此，其作为饲料直接饲喂动物具有局限性，易引起动物中毒，不利于动物的生长性能及生产性能。因此，根据酒糟的特性，选择合适的发酵体系、饲料配比及饲喂时长对动物生长尤为重要。

3.5.1.1 酒糟发酵工艺及营养变化

啤酒糟与麸皮 3∶1 混合，按 10^7 CFU/g 黑曲霉的接种量接种，含水量 66%，硫酸铵 1%，pH 5.0，30 ℃条件下固态发酵 5 d。发酵终产物干曲霉中纤维素酶 18.0 U/g，酸性蛋白酶 3 800 U/g，木聚糖酶活 1 200 U/g[96]。酒糟与苹果渣基质配比 1∶1，接种 8%的里氏木霉、黑曲霉、产朊假丝酵母的复合菌（1∶1∶1 配比），含水量 60%，pH 6.0、35 ℃条件下固态发酵 48 h。发酵后饲料粗蛋白含量提高 34.52%，酸性和中性纤维分别降低 22.93%和 9.08%（$P<0.05$）。饲料松散，伴有苹果香及酸香，具有诱食的功效。粗蛋白、酸性和中性纤维素在羊瘤胃 72 h 后消化率分别为 79.78%、51.96%和 39.88%[97]。

表 3-5 糟渣的营养成分、缺点及发酵菌种

种类	营养成分	缺点	发酵菌种	参考文献
酒糟	含 15%～25% CP，40%总糖，11%～17%CF，5.46%灰分，还有丰富的必需氨基酸；乙酸、丙酸、丁酸及乳酸等有机酸；胡萝卜素、维生素 B_1、维生素 B_2 和微量元素等	纤维含量高，含醇类以及醛类等有毒物质；含单宁、植酸等抗营养因子；增加钙的排泄，长期使用造成动物骨骼发育不良；使用不当易引起动物中毒	酵母（*Saccharomyce*），黑曲霉（*Aspergillus niger*）、里氏木霉（*Trichodermareesei*）、产朊假丝酵母（*Candida utilis*）、绿色木霉（*Trichoderma viride*）、白腐真菌（*Phanerochaete chrysosporium*）、白地霉（*Geotrichum candidum*）、地衣芽胞杆菌（*Bacillus licheniformis*）	[98-100]，[138]
糖渣	干物质含量在 22%～28%，含粗蛋白、糖类、脂肪、有机酸、钙、磷、维生素	木质素、纤维素含量高，不易消化吸收；含单宁、果胶等抗营养因子；有机酸	产阮假丝酵母（*Candida utilis*）、啤酒酵母（*Saccharomyce*）、白地霉（*Geotrichum candidum*）、植物乳酸杆菌（*Lactobacillus plantarum*）	[138-139]
酱油糟	含 13.42% CP、3.18%粗脂肪、7.2%CF、11.86%盐分、38.39%灰分、25.47%NFE	水分高，不宜储存；食盐含量高，易引起动物中毒；纤维素含量高，适口性差；油脂含量高，易氧化	米曲霉（*Aspergillus oryzae*）、黑曲霉（*Aspergillus niger*）、产朊假丝酵母（*Candida utilis*）和枯草芽孢杆菌（*Bacillussubtilis*）	[110]，[112]

（续）

种类	营养成分	缺点	发酵菌种	参考文献
醋糟	含92% DM、11.45% CP、11.41%真蛋白、29.63% CF、14.59% 粗灰分、0.42%钙、0.19%磷	纤维素含量高、酸度大，不易消化	曲霉（*Aspergillus*）、担子菌（*Basidiomycete*）、酵母菌（*Saccharomyce*）、白地霉（*Geotrichum candidum*）、木霉（*Trichoderma*）	[115]
食用菌菌糟	含 50.75% ～ 66.42% 水分、32.58% ～ 49.25% DM、6.39% ～ 11.90%CP、60.66%～74.53% NDF、41.70% ～ 50.94% ADF、7.01% ～ 18.04% ADL、1.12%～3.88% WSC、1.64%～2.39% 钙、0.15%～0.78%磷	粗纤维及木质素含量高，含抗营养因子，不易消化	绿色木霉（*Trichoderma viride*）、产阮假丝酵母（*Candida utilis*）、戊糖片球菌（*Pediococcus pentosaceus*）	[140]，[121]
豆渣	含 84.33% 水分、23.01% CP、8.05%粗脂肪、50.31% CF、4.38%灰分、42.5% NDF、58.6% ADF、0.16% 钙	含水量高不利于运输及贮存；含胰蛋白酶抑制素、致甲状腺肿素和植物性红细胞凝血素，含单宁、植酸等抗营养因子，不利于动物消化吸收	酿酒酵母菌（*Saccharomyces cerevisiae*）、植物乳酸杆菌（*Lactobacillus plantarum*）、黑曲霉（*Aspergillus niger*）、产朊假丝酵母（*Candida utilis*）、解脂耶罗威亚酵母（*Yarrowia lipolytica*）、羊肚菌（*Morchella*）、里氏木霉（*Trichodermareesei*）等	[128]，[131]，[141-142]

木薯酒糟与豆粕混合发酵（木薯酒糟∶糖蜜∶玉米浆∶豆粕＝40∶1∶5∶4），含水量40%，接种0.4%酵母菌与乳酸菌复合菌，32 ℃固态发酵24 h。发酵终产物粗脂肪降低26.1%，粗蛋白增加80.6%，粗纤维降低44.8%，粗灰分降低15.3%（$P<0.05$）；酵母菌及乳酸菌数量均增加（$P<0.05$）[98]。

3.5.1.2　酒糟发酵料在动物生产中的应用

日粮中添加10%～18%的酒糟发酵料可促进仔猪采食，改善仔猪腹泻及肤色毛况等（$P<0.05$）；添加20%～35%酒糟发酵料可改善生长育肥猪肤色毛况，减少臭气排放（$P<0.05$）；与我国饲养标准相比，平均日增重仔猪阶段增长23.%（$P<0.05$），生长猪阶段增长20.4%（$P<0.05$），育肥猪阶段增长18.84%（$P<0.05$），而全程增长23.33%（$P<0.05$）；料重比分别降低17.51%、19.81%、6.98%及6.75%（$P<0.05$）；饲料成本降低2.21%～3.82%（$P<0.05$）[99]。饲喂微贮酒糟饲料可以提高奶牛产奶量（4.43%）及乳脂率（2.34%），提高肉牛肉品质，降低料重比，提高经济效益（$P<0.05$）[100]。添加5%～10%的木薯酒糟发酵料不影响樱桃肉鸭平均日采食量、日增重、料重比等生长性能及屠宰率、半净膛率、全净膛率等屠宰性能（$P>0.05$），不影响鸭肉品质（$P>0.05$），同时提高肉鸭经济效益0.22～0.24元/只（$P<0.05$）[98]。

3.5.2　糖渣

糖渣是制糖业的副产品，我国年产近千万吨。糖渣根据原料可分为玉米淀粉糖渣、甜菜渣及甘蔗渣。淀粉糖渣主要包括谷物类及薯类，如玉米、木薯、马铃薯等为原料的制糖副产品。2015年，我国淀粉产量为2.159×10^7 t，玉米淀粉占95%，木薯淀粉占1.74%，马铃薯淀粉占1.94%。我国玉米主产区为山东、河南、河北与陕西中南部、陕西中部、江苏与安徽北部等黄维海平原（占全国总量的43.4%），以及包括黑龙江、吉林、辽宁、内蒙古、宁夏以及河北、山西、陕西及甘肃部分地区的北方春播玉米主产区（占全国总量的26.67%），2017年玉米产量2.59×10^8 t，玉米淀粉产量2.595×10^7 t，糖渣产量3×10^5 t以上。我国木薯产区主要为广西、广东、海南、云南、福建等省，年产木薯1.000×10^7 t，木薯渣1.80×10^6 t，其中木薯淀粉渣3×10^5 t。甜菜是我国第二大制糖作物，占总糖产量的10%左右，主要分布在新疆、内蒙古及黑龙江等地。2012年我国年产甜菜1.174×10^7 t，甜菜渣同样达1×10^7 t。我国马铃薯总产量9.0×10^7 t以上，四川、甘肃、贵州、云南、内蒙古、黑龙江等11个马铃薯主产地的产量占全国产量82.6%，我国年产马铃薯淀粉1.20×10^6 t，副产物马铃薯渣约6.8×10^6 t。我国甘蔗种植面积居世界第4，广西、云南、广东、海南4省甘蔗种植面积超全国种植面积的90%，其中广西为甘蔗的主要生产基地，甘蔗总产量 7.0×10^7 t 以上，产糖量占全国的60%以上。全国蔗糖年产 1.0×10^7 t，甘蔗渣年产达（2.0～3.0）$\times10^7$ t。糖渣含丰富的粗纤维，且含有粗蛋白、脂肪、维生素、无机盐、有机酸等营养成分，具有良好的饲用价值。但糖渣富含木质素、纤维素及半纤维素，以及单宁、果胶等抗营养因子，适口性差，不利于动物消化吸收。利用微生物发酵可有效改善糖渣营养成分，提高饲料转化率。

3.5.2.1 糖渣发酵工艺及营养变化

玉米淀粉糖渣、麦麸 7∶3 混合，添加 1%蛋白胨，接种 18%鼠李糖乳杆菌，pH6.5、37 ℃发酵 56 h。发酵终产物中鼠李糖乳杆菌活菌数由 4.1×10^8 CFU/mL增加至 11×10^8 CFU/g，提高 160%。此发酵工艺成功被用于玉米淀粉糖渣发酵生产鼠李糖乳杆菌微生物饲料蛋白[101]。糖渣、玉米、豆粕按10∶1∶1比例，接种 0.021%发酵菌株并加入 0.25%的 NaCl，含水量 60%，25 ℃密封固态发酵 5 d[102]。鲜糖渣加入 2%的麸皮，加入酶制剂，利用自带菌群进行密封发酵[103]。糖渣与豆粕 8∶2 混合，含水量 50%，接种量为湿重的10%，30 ℃，发酵 72 h。糖渣发酵后粗蛋白、粗脂肪、钙、磷含量增加，粗纤维减少[104]。甘蔗渣与酒糟渣按 10∶7 比例，0.59%的微生物接种量（共生孢子菌与硝化细菌），37 ℃，密封发酵 24 h[105]。甘蔗渣（粒径 2.36 mm）添加 10.50%尿素、4.44%NaOH，60 ℃预处理6.3 h，过 8 目*筛后添加 9%糖蜜、0.1%纤维素酶，接种 0.1%的乳酸杆菌室温发酵 30 d，发酵终产物pH 4.27，总氮 1.28%、氨态氮 0.06%、氨态氮/总氮为 4.84、总酸 6.45%、干物质 33.15%、可溶性还原糖 9%（增加 50%），乳酸含量增加 56.52%，纤维素酶增加 61.15%，粗蛋白增加 42.22%，NDF 及 ADF 分别降低 12.08%和5.04%[106]。

3.5.2.2 糖渣发酵饲料在动物生产中的应用

木薯发酵料替代 20%玉米饲喂湖羊，可显著提高平均日增重及采食量，降低料重比及胴体重（$P<0.05$），不影响湖羊血液生化指标及肉品质（$P>0.05$），降低饲料成本（$P<0.05$），提高经济效益[102]。马铃薯渣发酵饲料含粗蛋白 7.82%，粗纤维 25.35%，总能量 20.672 MJ/kg，菌体数 2.06×10^6 CFU/g，可提高饲料中赖氨酸含量（$P<0.05$），替代 15%玉米饲喂奶牛，提高奶牛产奶量（$P<0.05$）[107]。糖渣替代部分玉米或青草的青贮饲料可显著提高牛平均日增重及饲料转化率，使增重耗料降低 40%（$P<0.05$），进而降

---

* 筛网有多种形式、多种材料和多种形状的网眼。网目是正方形网眼筛网规格的度量，一般是每2.54 厘米中有多少个网眼，名称有目（英）、号（美）等，且各国标准也不一，为非法定计量单位。孔径大小与网材有关，不同材料筛网，相同目数网眼孔径大小有差别。——编者注

低饲料成本并提高经济效益[108]。糖渣与粉碎的干草等混合青贮可延长储藏时间，使粗蛋白含量高于玉米的5%，约是秸秆粗蛋白的4倍（$P<0.05$），改善其干涩、增加鲜味，适口性强，利用率高，促进反刍动物生长发育，具有明显的经济效益（$P<0.05$）[109]。

3.5.3 酱油糟、醋糟

我国酱油、醋酿造业年产糟渣700多万t。广东酱油产量最高，占全国43%，其次为湖南（9.36%）、河南（9%）、四川（7.13%）及浙江（4.60%）。山西是醋生产、消费大省，年产食醋达65万t，占全国总产量的18%，江苏、山东、天津、北京等地食醋年产量分别占全国的10%、4%、3%、2%。酱油糟、醋糟来源丰富，纤维素含量高，粗蛋白含量与玉米相当，并富含铁、锌、硒、镁、钙、磷等矿物元素。但酱油糟、醋糟含水量高，不便于运输与储存，且适口性差、盐分及酸度高、粗纤维及抗营养因子含量高，以直接饲喂动物的方式使用，饲料利用率低。而酱油糟、醋糟经微生物发酵提高糟渣中真蛋白及氨基酸含量，降低纤维素、木质素、单宁等抗营养成分，进而促进废弃物的资源化利用，减少环境污染。

3.5.3.1 酱油糟、醋糟发酵工艺及营养变化

酱油渣与麸皮按17∶3混合无菌处理后，接种10%黑曲霉，料厚15 cm，含水量60%左右，32 ℃发酵32 h，提高饲料蛋白39%，降低粗纤维10%，提高了氨基酸总量，改善了饲料色香味，改善了适口性（$P<0.05$）[110]。酱油渣、玉米粉、秸秆粉10∶1∶5，含水量70%，添加酶制剂及发酵菌种，密封发酵7 d以上，提高饲料粗蛋白10%以上（$P<0.05$）[111]。79.74%酱油糟、4.78%麸皮、11.16%豆粕、4.39%尿素，含水分54.92%，接种10%的白地霉、黑曲霉、产朊假丝酵母复合菌（1∶2∶1），pH 5.5，基料厚度2.5 cm，30 ℃发酵72 h。饲料粗蛋白由13.42%增加到45.35%，增加237.93%（$P<0.05$）[112]。酱油渣发酵底料，料水比1∶1，曲霉与假丝酵母菌1∶1总接种量10%、发酵厚度2～2.5 cm，温度30 ℃、发酵60 h。酱油渣发酵料总蛋白为49.44%，较发酵前增加40%，而氨基酸态氮增加近8倍，提高饲料利用率（$P<0.05$）[113]。

醋渣与玉米粉10∶1，含水量70%，添加酶制剂与发酵菌种，混匀密封发酵3～7 d。70%含水量的醋糟，添加1%尿素及0.03% $MnSO_4 \cdot H_2O$，在pH 6.0、25 ℃条件下密封发酵5 d。粗蛋白、还原糖、淀粉产量分别提高14.2%、108%及46.7%（$P<0.05$）；木聚糖酶及羧甲基纤维素酶活力增加432%及243%（$P<0.05$），纤维素、半纤维素及木质素分别下降17.1%、68.6%及14.4%（$P<0.05$）[114]。75%醋糟、20%麸皮、4%玉米粉、1%尿素、0.2%

K_2HPO_4、0.3% $MgSO_4$ 混合，含水量62%，pH 6.5～7.0，28 ℃发酵 10 d，发酵终产物含 27.75%粗蛋白、16.93%真蛋白（增加 35.88%）、27.75%粗纤维（降解 11.40%）[115]。

3.5.3.2 酱油糟、醋糟发酵饲料在动物生产中的应用

酱油糟微生物发酵可改善饲料适口性、转化率，替代 50%以上的植物蛋白；促进鸡、猪采食及生长，降低养殖成本。酱油糟发酵料替代全部豆粕，可提高饲料适口性，促进生长猪生长，降低饲料成本 9%[116]。醋糟利用黄孢原毛平革菌、康氏木霉、黑曲霉和无花果曲霉复合菌发酵，可提高可利用养分含量，并提高蛋鸡对醋糟发酵饲料的利用率[117]。邵莲花等利用碱化及微生物发酵方法，提高醋糟粗蛋白 38.23%并降低粗纤维 13.99%，在日粮中添加 16%～22%的醋糟发酵饲料，可提高生长育肥猪的饲料报酬，提高经济效益[118]。日粮中添加 4%的醋糟发酵料可提高蛋鸡饲料表观消化率，并降低总氮及尿素氮的排放[119]。利用混菌发酵醋糟替代 20%的玉米豆粕型基础日粮可提高蛋鸡饲料利用率[120]。

3.5.4 食用菌菌糟

食用菌菌糟是玉米芯、糠麸、木屑、糟渣以及农作物秸秆等为主要原料栽培食用菌后的废弃基质。我国是世界上食用菌第一生产大国，年产食用菌 4 000多万 t，菌糠年产量近 9 000 万 t。河南、福建、山东、河北、江苏、四川、黑龙江等地区食用菌产量超百万吨，占全国总产量的 63%，其次广东、浙江、湖南、湖北、江西、广西、辽宁、吉林、安徽等 9 省产量为 50 万～100 万 t。由于食用菌基质原料来源菌糠纤维素、木质素含量高，含单宁及果胶等抗营养因子，菌糟直接作为动物饲料，消化率低、适口性差。微生物的发酵作用和食用菌的分解作用，可降解部分纤维素、半纤维素和木质素等不易消化营养成分及抗营养成分，同时还可产生大量的菌体蛋白、多种糖类、有机酸类、多种活性物质，改善菌糠饲料品质。

3.5.4.1 食用菌菌糟发酵工艺及营养变化

杏鲍菇菌糠接种绿色木霉、产朊假丝酵母、戊糖片球（2∶1∶1）复合菌群 8%，葡萄糖 2%，含水量 55%，pH 3.53，发酵 10 d。杏鲍菇菌糠微生物发酵提高 50% CP 及氨基酸总量，其中组氨酸和酪氨酸分别增加 150 倍及 133 倍（$P<0.05$）；降低 28.17% NDF、17.78% ADF（$P<0.05$）；菌糠发酵料中乳酸菌和酵母菌数量达到 2.5×10^5 CFU/g和 2.0×10^4 CFU/g，乙酸含量 15 mmol/L（$P<0.05$）[121]。香菇菌糠（木屑 82.44%、麸皮 15%、蔗糖 0.58%、碳酸钙 0.97%及石膏 1.45%），含水量 65%，乳酸菌及酵母菌 1∶1，1%的接种量，20～25 ℃厌氧发酵 15 d。香菇菌糠微生物发酵后，菌糠酸香味

提升，pH 由 5.57 降低至 4.10，乳酸增加 10 倍以上（0.032%增至 0.375%），半纤维素含量降低 55.9%（3.4%降至 1.5%），粗蛋白水平增加 64.7%（6.84%提高至 11.2%，$P<0.05$）；但不影响饲料 DM、NDF、ADF、WSC、粗灰分、粗脂肪含量及氨基酸组成（$P>0.05$），必需氨基酸及非必需氨基酸总量均显著提高（$P<0.05$），其中蛋氨酸、异亮氨酸、苯丙氨酸及赖氨酸等必需氨基酸含量以及天冬氨酸、谷氨酸、丙氨酸、甘氨酸、酪氨酸、精氨酸、半胱氨酸等非必需氨基含量显著增加（$P<0.05$）[122]。接种 12%的黑曲霉、枯草芽孢杆菌、嗜酸乳杆菌（2∶1∶1）复合菌群，60%含水量，37 ℃发酵84 h，粗蛋白由 9.42%增加至 13.18%，增加 39.91%；粗纤维由 32.89%降至 26.67%，降低 18.91%（$P<0.05$）[123]。白灵芝菌糠与玉米粉按 19.1∶1 比例混合，接种 7.1%的假丝酵母菌与嗜酸乳杆菌混合菌，pH 5.0、料水比 2.1∶1，25 ℃发酵 5 d。水分、粗纤维、游离棉酚分解降低 30.79%、65.80%及 50.34%（$P<0.05$）；粗蛋白、粗脂肪、无氮浸出物、还原糖分别增加 82.30%、132%、65.49%及 165.56%（$P<0.05$）；微生物增加 8.7×10^9 CFU/g，同时也增加了饲料的酸香味[123]。

3.5.4.2 食用菌菌糟在动物生产中的应用

杏鲍菇微生物发酵料（黑曲霉、枯草芽孢杆菌、嗜酸乳杆菌）替代日粮中10%麸皮，使生长猪 ADG、ADFI 分别增加 4.18%、5.72%，料重比无显著变化（$P>0.05$）；饲料干物质及有机物消化率分别增加 3.05%和 2.62%，而粗脂肪消化率降低 2.62%（$P<0.05$）；替代 5%麸皮增效效果稍差，而替代15%麸皮不利于生长猪生长（$P<0.05$）。叶红英等指出，添加 40%的食用菌糟发酵料可改善育肥猪腹泻状况，促进育肥猪生长，降低饲料成本（$P<0.05$）[124]。而添加 4%豆粕和 2%麸皮的杏鲍菇菌糠，利用乳酸菌、酵母菌、芽孢杆菌、放线菌和光合细菌等复合菌发酵改善发酵料品质，可降低 8.78%粗纤维、11.56% NDF 和 18.88% ADF，提高 19.32% CP 和 8.29%粗灰分（$P<0.05$）。山羊日粮中添加 30%的发酵料，可显著提高 ADG、ADFI 及 BW，降低料重比（$P<0.05$）[125]。乳酸菌、酵母菌及枯草芽孢杆菌复合菌剂发酵的杏鲍菇菌糠发酵料替代 30%的肉牛精料，不影响血液生理生化指标（$P>0.05$），可提高肉牛免疫功能（$P<0.05$）[126]。食用菌糟发酵料替代 20%的常规饲料，可提高柴鸡及肉鸭的生长性能，不同日龄的柴鸡 ADG 增加 6.8%～13.5%，而肉鸭 ADG 增加 11.5%～19.3%，同时降低饲料成本，增加养殖效益（$P<0.05$）[127]。

3.5.5 豆渣

2017 年，我国大豆总产量为 1 489 万 t，黑龙江省大豆产量占全国总产量的41%，安徽、内蒙古、河南等3个省份大豆产量占全国产量的23%。我国传统豆制品每年消耗大豆原料600万t，大豆制品或大豆蛋白生产过程中的副产品豆渣年产3 000万t。豆渣粗蛋白含量18%～27%，总膳食纤维达50%，其必需氨基酸组成与大豆蛋白必需氨基酸组成一致，且富含微量元素、维生素B_1及赖氨酸等风味氨基酸。然而豆渣含水量高（80%以上）、适口性差，不利于运输及贮存；含胰蛋白酶抑制因子、凝集素、致甲状腺肿素、植酸及单宁等多种抗营养因子，影响豆渣中营养物质及矿物质的消化吸收。因此，豆渣直接饲喂动物效果不佳，利用微生物发酵豆渣可以改善豆渣饲料品质及饲用价值，缓解蛋白饲料短缺压力，发展生态、循环农业，促进农业的绿色发展。

3.5.5.1 豆渣发酵工艺及营养成分

豆渣与麸皮4∶1混合，60%水分，添加1%硫酸铵、1%硫酸镁、1%磷酸二氢钾、2%尿素、2%葡萄糖，接种10%的黑曲霉、酿酒酵母和产朊假丝酵母（1∶3∶3）混合菌种，30 ℃发酵3 d，粗蛋白增加至28%以上，纤维蛋白酶含量显著上升（968.48 U/g，$P<0.05$）[128]。豆渣高压灭菌后，接种2%解脂耶罗威亚酵母，30 ℃发酵5 d。豆渣微生物发酵后琥珀酸和谷氨酰胺浓度分别为3.37%和0.335%，分别增加3倍及20倍（$P<0.05$）；酵母菌数量增加至7.73×10^{10} CFU/g，粗脂肪增加17.81%，氨基酸总量增加321.79%（$P<0.05$）[129]。鲜豆渣（80%含水量）60 ℃烘干后60目过筛，添加4%葡萄糖、1.5% $(NH_4)_2SO_4$、75%水和0.2%的$MgSO_4\cdot7H_2O$，接种2.67%羊肚菌，22.6 ℃发酵21 d。豆渣发酵饲料具有热稳定性高、多孔且渗透性强的结构；游离氨基酸总量增加115.94%，多糖增加279.94%，多酚总量增加16.86%（$P<0.05$）[130]。豆渣与麸皮7∶3，含水量70%，接种0.2%的植物乳杆菌与酿酒酵母菌复合菌（1∶1），36 ℃，发酵72 h。发酵后饲料粗蛋白增加12.97%，NDF降低27.31%，ADF降低16.16%，总酸含量较发酵前提高了1.9倍，pH由6.44降到3.45（$P<0.05$）[131]。豆渣和苹果渣（1∶1），含水量70%，接种1%的酿酒酵母、黑曲霉和里氏木霉（3∶2∶4）混合菌种，30 ℃条件下发酵48 h。发酵料粗蛋白增加至19.83%，增加24.95%。有报道指出，在0～4周、4～10周及10周不同生长阶段的鹅饲料中，发酵豆渣可分别替代20%、30%及35%全价料[132]。

3.5.5.2 豆渣发酵在动物生产中的应用

豆渣的微生物发酵可缓解豆渣异味，增加饲料香气、甜味，提高适口性，增加饲料营养效价及饲料转化率；提高动物免疫力，促进动物生长；减少粪便中有害气体及臭气的排放；改善肉品质。研究发现，芽孢杆菌、乳酸菌、产朊假丝酵母和白地霉等复配菌株发酵的豆渣发酵饲料，可提高粗蛋白、有机酸含量及微生物总量（$P<0.05$）。日粮中添加46%的该豆渣发酵饲料，可使肉牛的ADG提高20.2%（$P<0.05$），每头肉牛利润增加208元，提高肉牛养殖的经济效益（$P<0.05$）[133]。日粮中用5%的发酵豆渣替代1%豆粕及4%麸皮，可提高饲料适口性、母猪采食量及泌乳期ADG（$P<0.05$），并提高哺乳期24 d的32%的仔猪存活率及27 d的仔猪平均体重（$P<0.05$）[134]。用添加30%发酵豆渣的日粮饲喂育肥猪，使ADG增加12.78%，即69 g/头，F/G降低0.37，饲料利用率提高10.36%，经济效益提高12.78%（$P<0.05$）[135]。蔡辉益等研究发现，添加11.8%～18.3%的发酵豆渣，仔猪阶段死亡率由1.29%增加至6.12%，不利于仔猪生长（$P<0.05$）；而生长猪死亡率由4.25%降低至1.81%，育肥猪死亡率由4.23%降至0.45%（$P<0.05$），生长育肥阶段增重成本降低0.27元/kg，即17.55元/头（$P<0.05$）[136]。但戴源森指出，在仔猪、生长猪、育肥猪可分别添加20%、30%及35%的发酵豆渣，怀孕母猪（1～90 d）及怀孕后期母猪适当添加青绿饲料的基础上可分别添加60%及40%的发酵豆渣[137]。

糟渣作为饲料原料生产饲料蛋白、添加剂、青贮饲料等发酵饲料，不仅可提高糟渣废弃物的利用率，减少糟渣废弃物造成的环境污染，同时还可改善糟渣饲料品质，提高动物生长、生产性能，增加养殖经济效益。因此，糟渣发酵饲料的开发、利用、推广，可促进工业、农业等产业链的循环、可持续发展。

3.6　果渣

我国年产果渣上千万吨，由于含水量高，不利于运输及贮存，复合粗纤维、木质素、单宁等抗营养因子不利于动物的消化吸收，无法直接饲喂畜禽，因而大多被丢弃，造成资源浪费与环境污染。微生物发酵可将植物蛋白转化为动物蛋白，降解纤维素等抗营养物质。果渣的微生物发酵可降低发酵料水分，改善饲料营养品质及转化率，促进动物生长，促进废弃物的资源化利用，减少环境污染，缓解我国养殖业蛋白资源的缺乏。不同果渣的营养成分、缺点及发酵菌种等存在差异，详见表3-6。

3.6.1　苹果渣

我国年产苹果4 000多万t，苹果除鲜果销售外，还用于加工果汁、果酱以及果胶、膳食纤维等提取物原料。我国苹果加工产生果渣超300万t/年。

3.6.1.1　苹果渣发酵工艺及营养变化

苹果渣与麦麸9∶1混合物高温灭菌30 min，接种4%的黑曲霉48 h后再

表 3-6　果渣的营养成分、缺点及发酵菌种

种类	营养成分	缺点	发酵菌种	参考文献
苹果渣	含 77.7%水、6.25% CP、6.76%粗脂肪、16.86% CF、2.34%粗灰分，含锌、铁、硒等矿物元素，有机酸、维生素等	水分高，不易贮存；酸度大，适口性差；纤维、单宁、果胶含量高，不易消化吸收	里氏木霉（*Trichodermareesei*）、黑曲霉（*Aspergillus niger*）、产朊假丝酵母（*Candida utilis*）	[97]，[143]，[171]
柑橘渣	含 6.62% CP、12.50% CF、2.20%粗脂肪、64.84% NFE、1.03% 钙、0.10% 磷、5.85%氨基酸、3.72 mg/kg 铜、49.7 mg/kg 铁、1.62 mg/kg 锌、8.75 mg/kg 锰、0.07 mg/kg 碘，含有黄酮类活性物质	水分高，不易贮存；含单宁、柠碱等苦味物质，适口性差、不易消化	副干酪乳杆菌（*Lactobacillus paracasei*）、双歧杆菌（*Bifidobacterium strains*）、白地霉（*Geotrichum candidum*）、米酒酵母（Rice wine yeast）、黑曲霉（*Aspergillus niger*）、康宁木霉（*Trichoderma koningii*）、产朊假丝酵母（*Candida utilis*）	[172]
沙棘果渣	含 17% CP、14.38%粗脂肪、18.32% CF、16.46%半纤维素、5.58%灰分、94.42%有机物，含维生素、多糖、微量元素、黄酮、花青素等	纤维、单宁等物质含量高，不易消化；钙、磷含量低	黑曲霉（*Aspergillus niger*）、毛霉（*Mucoraceae*）	[165]
葡萄渣	含 13% CP、7.9% 粗脂肪、31.90% CF、10.30%粗灰分、0.71% 钙、0.22% 磷、1.88%缩合单宁及微量元素	水分高、易腐败；单宁、果胶、纤维素含量高，不易消化	酿酒酵母菌（*Saccharomyces cerevisiae*）、植物乳酸杆菌（*Lactobacillus plantarum*）	[171]
菠萝渣	含 7.48%～7.72% CP、2.37%～2.43%粗脂肪、26.69%～28.71% CF、5.32%～5.54%粗灰分、43.72%～47.02% NFE，含钙、磷、铁、铜、锰、锌、钾、钠等矿物元素	适口性差，木质素、单宁等抗营养成分含量较高，不利于动物吸收利用，不宜直接饲用；含水量高，不利于运输及贮存	绿色木霉（*Trichoderma viride*）、产朊假丝酵母（*Candida utilis*）、根霉（*Rhizopus*）、植物乳杆菌（*Lactobacillus plantarum*）、枯草芽孢杆菌（*Bacillussubtilis*）、地衣芽孢杆（*Bacillus licheniformis*）和酿酒酵母（*Saccharomyces cerevisiae*）、毛霉（*Mucoraceae*）、黑曲霉（*Aspergillus niger*）	[151]，[155]，[173-175]

接种 8%的酿酒酵母、产朊假丝酵母混合菌（1∶1），60%水分，25 ℃发酵 7 d。发酵苹果渣粗蛋白 34.9%，氨基酸总量从 4.01%增加至 32.95%（$P<0.05$），增加 720.45%，其中 Ala、Arg、Asp、Cys、Glu、His、Lys、Met、Phe、Ser、Thr、Tyr、Val 分别增加 1 565%、416%、800%、786.67%、320%、1 413.33%、507.32%、10 100%、8 520%、2 377.78%、1 925%（$P<0.05$）[143]。苹果渣添加 1%尿素，75%含水量，接种 15%黑曲霉与酿酒酵母混合菌（1∶1），30 ℃发酵 4 d。发酵果渣真蛋白含量、粗脂肪、粗灰分分别从 4.22%、4.11%、4.52%增至 19.86%、5.16%、5.13%（$P<0.05$），而粗纤维及还原糖分别从 14.72%、11.25%降至 7.88%、5.23%（$P<0.05$），纤维蛋白酶、β-葡聚糖酶及木聚糖酶无显著影响（$P>0.05$）[144]。苹果渣，添加适量盐液［$(NH_4)_2NO_3$ 4.3 g/L、$MgSO_4 \cdot 7H_2O$ 0.3 g/L、KH_2PO_4 4.3 g、$CaCl_2$ 0.3 g/L、$FeSO_4 \cdot 7H_2O$ 5 mg/L、$MnSO_4 \cdot H_2O$ 1.6 mg/L、$ZnSO_4 \cdot 7H_2O$ 1.4 mg/L、$CoCl_2$ 2 mg/L］，植物乳杆菌与戊糖乳杆菌，37 ℃青贮 45 d，有机酸总量增加 12.89%，乳酸增加 140%，氨态氮/总氮降低 28.35%（$P<0.05$），粗蛋白、可溶性糖含量有增加趋势（$0.05<P<0.1$）[145]。

3.6.1.2 苹果渣发酵料在动物生产中的应用

添加苹果渣发酵饲料替代 50%玉米青贮料，可提高饲料适口性及采食量。苹果渣中添加 15.3%的玉米粉进行发酵后替代 50%的玉米青贮料可提高奶山羊产奶量（$P<0.05$），而添加 15.3%麸皮的苹果发酵料替代 50%的玉米青贮料可降低饲料成本（$P<0.05$）；然而两种发酵方式对羊奶的品质、山羊血液生理生化指标均无显著影响（$P>0.05$）[146]。日粮中添加 4%发酵苹果渣可提高樱桃谷肉鸭（42 日龄）饲料转化率（2.17%）及活重（2.6%）、ADFI、ADG（0.95%）等生长性能（$P<0.05$），改善体重整齐度，并增加 10.15%养殖经济效益（$P<0.05$）[147]。与玉米秸秆青贮饲料相比，饲喂苹果渣、玉米秸秆 1∶1 混合发酵的青贮饲料，每头奶牛产奶量每天增加 2.2 kg（$P<0.05$），且不影响牛奶乳脂率等牛奶品质（$P>0.05$）[148]。

3.6.2 柑橘渣

我国年产柑橘近 4 000 万 t，湖南、江西、广东、广西、四川、湖北、福建、浙江和重庆 9 省为我国柑橘主产区，栽植面积及产量均占全国的 9 成以上。柑橘渣为柑橘生产加工副产物，我国年产柑橘渣 500 万 t 以上，柑橘渣的微生物饲料开发利用不仅可替代动物常规饲料，缓解饲料短缺压力，还可减少其对环境的污染，促进我国农业的可持续发展。

3.6.2.1 柑橘渣发酵工艺及营养价值

柑橘渣、麸皮 4∶1 混合，含水量 70%，按照 0.4 mL/g 接种热带假丝酵母、康宁木霉、米曲霉（2∶2∶1）混合菌种，33 ℃发酵时间 84 h。发酵终产物粗蛋白、粗脂肪、粗纤维含量分别为 35.03%、4.92%、12.08%。柑橘渣、麸皮、棉籽饼粉 14∶3∶3 混合，添加 3%尿素，料水比 10∶9，接种 25%白地霉、产朊假丝酵母、康宁木霉混合菌种（1∶1∶1），28 ℃发酵 4 d。发酵终产物粗蛋白增加 34.46%，纯蛋白增加 58.84%，粗纤维降低 24.3%，粗灰分增加 6.2%，棉酚降低 75%，Asp、Val、Thr、Met、Leu、Ser 等 17 种氨基酸显著提高（$P<0.05$）[149]。柑橘渣、玉米芯 6∶4，添加 0.3%尿素、7.27%玉米，接种 0.001 5%乳酸菌，25 ℃青贮发酵 30 d。青贮饲料水分 66%～70%，NDF、ADF、粗灰分分别降低 20.51%、36.08%、13.25%，粗脂肪增加 23.67%，乳酸及乙酸含量增加（$P<0.05$）[150]。

3.6.2.2 柑橘渣发酵饲料在动物生产中的应用

柑橘渣与麦秸秆（4∶1）混合青贮料可替代 30%的燕麦干草而不影响羔羊肝重、屠体重等生长性能，提高瘦肉率，降低羊肉剪切力，改善羊肉嫩度、系水力等品质（$P<0.05$）[151]。柑橘与玉米芯混合青贮饲料替代 20%的干草料饲喂西门塔尔杂种肉牛，显著提高了肉牛 ADG（17.14%）及 ADFI（11.53%）等生长性能（$P<0.05$），提高有机物消化率（$P<0.05$），且不影响干物质、粗蛋白、NDF、ADF 等的表观消化率（$P>0.05$）[150]。王帅等指出添加 8%的发酵柑橘渣对仔猪的促生长作用及缓解仔猪断奶应激等方面均优于抗生素，表现为提高断奶仔猪 ADFI（$P<0.05$）及 ADG（$P>0.05$）、降低仔猪小肠 pH、缓解腹泻率等方面效果更佳[152]。发酵柑橘渣替代部分育肥猪基础日粮，不影响育肥猪 ADG、血液抗氧化能力及猪肉品质（$P>0.05$），使 ADFI、血液尿素氮、高密度脂蛋白含量（$P<0.05$）降低，且替代量可达 30%[153]。

3.6.3 菠萝渣

菠萝是我国南方的热带水果之一，主要生产区域为广东、海南、广西、云南、福建等地区。广东及海南的菠萝产量占全国的 49.7%，产量占全国的 85%，其中广东占 61%。广东菠萝主要分布在湛江、汕头、江门、广州市郊等地区。我国年产菠萝 100 多万 t，菠萝渣占全果 50%以上，而菠萝加工副产品 50%以上被丢弃，菠萝渣不仅造成了资源浪费，对生态环境也造成了污染。菠萝渣多汁、果香浓郁，且含粗蛋白、粗脂肪、粗纤维、矿物质等营养物质，可作为动物饲料资源。然而由于菠萝渣含有较高纤维素、木质素、果胶、单宁植酸等抗营养物质，因此不利于动物的消化吸收，而微生物发酵不仅可将菠萝渣中植物蛋白转化为菌体蛋白，还可将其中的抗营养物质降解为小分子易吸收的营养物质，增加菠萝渣的饲料利用率，促进动物的消化吸收。

3.6.3.1　菠萝渣发酵工艺及营养价值

菠萝渣与麸皮4∶1混合，含水量50%，添加3%（$(NH_4)_2SO_4$）、2%尿素，30℃条件下，以绿色木霉和产朊假丝酵母混菌发酵5 d。菠萝渣发酵饲料具有较浓的甜香味，适口性好；粗蛋白水平由发酵前4.08%增加到17.03%，增加317.40%；氨基酸总量由2.89%增加到15.6%，增加439%（$P<0.05$）；Pro、His、Thr、Arg、Glu、Gly、Ala、Tyr、Leu、Lys、Asp、Ser、Val、Phe、Ile、Me等16种氨基酸增加量在287.15%～608.7%不等，显著改善了菠萝渣的饲用营养价值（$P<0.05$）[154]。菠萝渣与麸皮7∶2混合，添加3% $(NH_4)_2SO_4$、1% KH_2PO_4、2%尿素，含水量50%，接种5%的绿色木霉和产朊假丝酵母（3∶2）的混合菌种，28℃发酵108 h。发酵后饲料粗蛋白由4.98%增加至24.71%，增加240.56%（$P<0.05$）；水洗蛋白增加至16.96%，增加240.56%（$P<0.05$）。菠萝皮、麸皮5∶1混合，添加1.67%尿素、0.83%（$(NH_4)_2SO_4$、0.83% K_2HPO_4，料水比3∶7，接种10%的根霉和产朊假丝酵母混合菌（6∶4），料层厚度3 cm。发酵产品中粗蛋白含量18.72%（$P<0.05$）[155]。

3.6.3.2　菠萝渣发酵饲料在动物生产中的应用

Gowda等用菠萝渣青贮饲料完全替代饲料中的玉米青贮饲料（62%），不影响绵羊体重、ADG等生长性能，不影响DM、CP、NDF及ADF等营养物质的表观消化率、血液生化指标及矿物质含量（$P>0.05$），降低24.19%的饲料成本（$P<0.05$）；不影响奶牛采食量（$P>0.05$），且增加每头奶牛日产奶量（3.0 L）及乳脂率（0.6%，$P<0.05$）[156]。邝哲师等研究发现，添加5%饼粕的菠萝渣发酵料可替代20%的青贮玉米秸秆，使奶牛ADFI提高17.7%、干物质摄入量提高26.39%，每头奶牛的日产奶量增加4.90 kg（$P<0.05$），且改善了乳汁的乳脂率、乳蛋白率等品质（$P<0.05$）[157]。彭超威指出，添加15%及25%的菠萝渣青贮饲料，使育肥猪平均日增重分别增加4.12%、0.56%，猪肉嫩度、风味等品质均有所改善，同时降低饲料成本2.72%、12.06%（$P<0.05$）。因此，在育肥猪生产养殖中，菠萝渣青贮饲料可替代15%～25%基础日粮，促进动物生长，改善猪肉品质，增加生猪养殖经济效益[158]。

3.6.4　葡萄渣

葡萄渣是葡萄加工过程中产生的副产品，主要为葡萄皮及葡萄籽。新疆为我国主要葡萄产区，占全国葡萄种植面积的1/4以上。仅新疆每年就产18万t左右葡萄渣。葡萄渣含有丰富的营养物质、矿物质等，动物直接饲用适口性差，不利于消化吸收。

3.6.4.1 葡萄渣发酵工艺及营养成分变化

葡萄皮渣、玉米、麸皮按 6∶1∶1 混合，接种 10%的产朊假丝酵母与嗜酸乳杆菌（1.5∶1）混合菌群，添加 1.5%尿素、1.5%硫酸铵、0.4%硫酸镁、1.5%磷酸二氢钾，含水量 50%，32 ℃发酵 3 d。发酵终产物酸香气味及适口性增加，真蛋白含量提高 4.35%，即 14.45%含量（$P<0.05$）[159]。葡萄渣与啤酒渣 7∶3 混合，含水量 65%，接种 5%的里氏木霉、黑曲霉、酿酒酵母混合菌（1∶1∶1），30 ℃发酵 60 h。发酵终产物粗蛋白含量为 34.32%（$P<0.05$）[160]。葡萄渣、苹果渣、豆渣5∶3∶2混合，接种 5%的酿酒酵母及植物乳酸杆菌混合菌群，32.5 ℃发酵3 d。发酵终产物粗蛋白、ADF 及 NDF 含量分别为 11.25%、28.43%、24.68%[161]。葡萄渣与麸皮 16∶3 混合，添加 0.4 g 尿素、0.2 g $(NH_4)_2SO_4$、0.2 g K_2HPO_4，料水比 2∶3，接种 4%的酿酒酵母与饲料酵母混合菌（2∶1），在 pH 3.0 条件下 30 ℃发酵 30 h。发酵终产物粗蛋白、粗脂肪、粗纤维、NDF、ADF、灰分、钙、磷含量分别为 21.94%、7.70%、52.46%、45.52%、8.99%、0.64%、0.76%[162]。

3.6.4.2 葡萄渣发酵料在动物生产中的应用

里氏木霉、黑曲霉、酿酒酵母复合菌发酵葡萄渣（添加 30%啤酒渣）替代 40%的精饲料，不影响羊瘤胃中有机物表观消化率（$P>0.05$），但粗蛋白、ADF 及 NDF 全消化道表观消化率分别提高 37.93%、13.04%、5.61%（$P<0.05$）[160]。日粮中添加 10%的发酵葡萄渣使西门塔尔杂种牛的体重及 ADG 分别增加 0.90%、5.89%，F/G 降低 2.79%（$P<0.05$），每头肉牛毛利润增加 58.24 元，即增加 4.17%，肉牛养殖经济效益提高（$P<0.05$）[163]。发酵葡萄渣替代日粮中 5%棉粕及 5%菜粕，使肉鸡 ADG 提高 7.43%，F/G 提高 4.37%（$P<0.05$）；使血液中总胆红素、血红蛋白、γ-谷氨酰胺转肽酶、碱性磷酸酶、肌酐、尿酸含量降低（$P<0.05$），但不影响肉鸡肤色、肌肉感官品质及安全性（$P>0.05$）[164]。

3.6.5 沙棘果渣

我国的沙棘资源居世界之首，种植面积达 120 万 hm^2，其主要产自新疆、内蒙古、陕西、青海、甘肃等 19 个省份。我国沙棘有中国沙棘（*H. rhamnoides* subsp. *sinensis*）、中亚沙棘（*H. rhamnoides* subsp. *turkestanica*）、蒙古沙棘（*H. rhamnoides* subsp. *mongolica*）、云南沙棘（*H. rhamnoides* subsp. *yunnanensis*）和江孜沙棘（*H. rhamnoides* subsp. *gyantsensis*）5 个亚种，黄土高原沙棘产量占我国沙棘产量的 80%以上，中亚沙棘主要分布在新疆天山以南，蒙古沙棘分布在天山以北，云南沙棘主要分布在云贵高原，江孜沙棘主要分布在四川西部和青藏高原东部。沙棘果渣具有很高的营养价值及活性物质，可作为饲料或添加剂应用于畜禽养殖业。然而沙棘果渣作为饲料直接饲喂动物，由于其富含纤维素及单宁等物质，影响饲料适口性、转化率，而沙棘果渣的微生物发酵可降解纤维素、单宁等抗营养物质，进而改良饲料品质，提高饲料利用率，促进动物对营养物质的消化吸收、利用。

3.6.5.1　沙棘果渣发酵工艺及营养价值变化

沙棘果渣加入2%硫酸铵、0.5%磷酸二氢钾、0.5%硫酸镁、尿素1%、葡萄糖2%，调整含水量为55%～60%，pH 5～5.5，接种10%酵母菌与枯草芽孢杆菌混合菌（1∶4），30 ℃发酵3 d。发酵终产物粗蛋白增加136.28%（$P<0.05$），纤维素、半纤维素、粗灰分分别降低21.29%、22.17%、10.93%（$P<0.05$）[165]。沙棘籽渣，料水比4∶5，接种5%黑曲霉，35 ℃发酵3 d。沙棘籽渣发酵终产物粗蛋白、蛋白酶分别增加25.95%、705.56%（$P<0.05$），纤维素酶活力、氨基酸总量分别降低11.91%、20%（$P<0.05$）[166]。沙棘果渣加入2%硫酸铵、0.2%磷酸二氢钾、0.05%硫酸镁，含水量为65%，pH 6.0，接种10%的酿酒酵母与产朊假丝酵母混合菌（1∶6），30 ℃发酵24 h。发酵终产物具有浓烈的醇香味，其粗蛋白含量达23.5%[167]。

3.6.5.2　沙棘果渣发酵料在动物生产中的应用

沙棘果渣具有丰富的营养价值，富含多酚、黄酮类等活性物质，具有良好的饲用价值。日粮添加沙棘果渣可提高动物生长性能、肉品质，改善肠道微生物[168-169]。日粮中添加0.4%、0.8%、1.2%的沙棘籽渣发酵饲料，分别提高蛋鸡产蛋率4.60%、6.68%、6.19%（$P<0.05$），提高蛋重3.61%、4.11%、5.41%（$P<0.05$），但不影响破蛋率（$P>0.05$）；添加0.8%、1.2%发酵沙棘籽渣的日粮可显著降低盲肠沙门氏菌数量（$P<0.05$），添加0.8%发酵沙棘籽渣的日粮可显著提高盲肠双歧酸杆菌数量（$P<0.05$）。因此，日粮中添加0.8%的沙棘籽渣发酵料可提高蛋鸡生产性能，并促进肠道健康[166]。朱光辉等利用地衣芽孢杆菌进行沙棘果渣复合发酵（10%～20%沙棘果渣、10%～15%沙棘叶、5%～10%沙棘枝、10%～30%番茄果渣、5%～10%胡萝卜渣、10%～25%谷草、10%～20%豆粕、5%～10%甜叶菊渣），其饲料色泽、香气、营养等饲料品质优于常规的玉米-豆粕型日粮（$P<0.05$），且不影响赛马体重、体尺（$P>0.05$）[170]。沙棘果渣的发酵饲料品质优良，在畜禽养殖中的应用相对较少，具有较好的市场开发及推广前景。

果渣发酵饲料的开发、利用与推广，不仅可解决水果种植业、加工业副产品资源浪费与环境污染问题，其作为新型的饲料资源还可缓解我国养殖业饲料资源短缺、人畜争粮等矛盾，同时也可有效衔接我国种植业、养殖业、加工业等循环经济产业链，促进生态农业、循环经济的可持续发展。

3.7 中药渣

我国传统医学已有几千年历史，是中草药的发源地，已有记录中草药12 000多种。我国中药材种植面积为240多万hm^2，年产量近7 000万t，其生产加工后药渣多达3 500万t，江苏省中药渣年产量100万t。由于中药渣含水量高，易腐败，采用传统的焚烧、堆放等方式不能有效地处理中药渣的资源浪费及环境污染问题。中药渣除富含纤维素、半纤维素、木质素、粗蛋白、粗脂肪、矿物质、氨基酸外，还含有维生素、糖类及各类微量元素，以及各类生物碱、多糖、萜类、醌类、黄酮类、甾体及苷类等生物活性物质及促生长因子。不同种类中药材及加工工艺的中药渣的营养成分存在差异，详见表3-7。

3.7.1 中药渣加工工艺及营养成分

黄芪、当归、熟地黄、白芍以干重4∶2∶2∶2混合，含水量控制在40%～60%。接种0.4%的枯草芽孢杆菌、酵母菌、乳酸菌和丁酸梭菌等复合菌种（含活菌数≥2×10^{10} CFU/g），置于25 ℃发酵7 d，每天翻动1～2次。发酵后终产物烘干、粉碎后颜色为棕褐色，干物质、粗蛋白分别增加1.03%及46.15%（$P<0.05$），粗纤维、粗脂肪含量降低26.46%及29.29%（$P<0.05$）[176]。生脉饮药渣添加$(NH_4)_2SO_4$量5 g/dL、pH 6.0、料水比1∶2，接种20%康宁木霉与产黄纤维单胞菌混合菌群（2∶1），30 ℃发酵2 d后，再接种20%产朊假丝酵母和黑曲霉混合菌（1∶1）发酵3 d。发酵后中药渣含17.70%真蛋白，增长86.96%（$P<0.05$）；含24.40%粗纤维，降低20.09%（$P<0.05$）[177]。黄芪药渣3 kg、绞股蓝药渣3 kg、杜仲叶药渣4 kg、地骨皮药渣2 kg、杜仲药渣2 kg、甘草药渣2 kg按照3∶3∶4∶2∶2比例接种6%枯草芽孢杆菌和地衣芽孢杆菌混合菌，30 ℃条件下发酵至50 ℃后，每天翻动2次，发酵3 d；将人参、熟地黄、麦冬和茯苓（6∶8∶2∶2）混合药渣与麸皮（1∶1）混合，接种1.0%酵母菌、丁酸梭菌和乳酸菌混合菌，置于32～36 ℃条件下发酵2 d。将以上两种中药渣发酵物混合后，再置于32～36 ℃条件下发酵2 d。发酵终产物干物质、粗灰分、粗蛋白、粗脂肪和粗纤维的含量及总能分别为97.25%、13.16%、21.65%、0.11%、3.90%、14.65 MJ/kg，其中干物质、粗灰分、粗蛋白分别增加8.82%、39.7%、73.06%（$P<0.05$），粗脂肪、粗纤维、总能分别降低98.15%、60.37%及7.86%（$P<0.05$）[178]。

3.7.2 中药渣发酵饲料在动物生产中的应用

李华伟等利用枯草芽孢杆菌、酵母菌、乳酸菌和丁酸梭菌等复合菌种发酵

表 3-7 中草药药渣的营养成分、缺点及发酵菌种

种类	营养成分	缺点	发酵菌种	参考文献
黄芪药	含 8.92%CP、42.74% CF、0.50%粗脂肪、1.15%甘露醇、12.36%可溶性糖、3.83% WSC、0.11%黄芪甲苷	纤维素、半纤维素、果胶含量高，不易消化；异味大、适口性差	黑曲霉（*Aspergillus niger*）、芽孢杆菌（*Bacillus*）、拟青霉菌（*Paecilomyces*）	[181-182]
三七	含 7.6% CP、23.8% CF、0.84%～1.27%皂苷、4.98%总氨基酸、0.29% Lys，富含 14 种微量元素、维生素 B_2、维生素 E、多糖及黄酮物质	含水量高，易霉变，不利于运输与贮存；有异味、适口性差，木质素等粗纤维含量高，不易消化吸收	黑曲霉（*Aspergillus niger*）、产朊假丝酵母（*Candida utilis*）、绿色木霉（*Trichoderma viride*）、灵芝、米曲霉（*Aspergillus oryzae*）、保加利亚乳杆菌（*Lactobacillus bulgaricus*）、凝结芽孢杆菌（*Bacillus coagulans*）、鼠李糖乳杆菌（*Lactobacillus rhamnosus*）、冠突散囊菌（*Eurotium cristatum*）	[183-185]
穿心莲	含 89.10% DM、12.60% CP、13.67%灰分、33.50% CF、23.31% NFE、76.14% NDF、67.96% ADF，含黄酮等活性物质	纤维含量高、适口性差；含单宁、果胶等抗营养因子	多型孢毛霉（*Manytypesofspore*）和刺囊毛霉（*Mucor spinosus*）、卷枝毛霉（*Mucor circinelloides*）	[186-188]
枸杞	含 11.75% CP、95.51% DM、12.78%粗脂肪、23.24% CF、44.98% NFE、39.23% NDF、34.46% ADF、2.76%灰分、18.31～19.82MJ/kg 总能，还含有胡萝卜素、硫铵、核黄素、烟酸、抗坏血酸	粗纤维、单宁、果胶含量高，适口性差，不易消化吸收	蛹虫草（*Cordyceps militaris*）、嗜热链球菌（*Streptococcus thermophilus*）、保加利亚乳酸杆菌（*Lactobacillus bulgaricus*）、嗜酸乳酸杆菌（*Lactobacillus acidophilus*）、干酪乳杆菌（*Lactobacillus casei*）、青春双歧杆菌（*Youth Bifidobacterium*）、鼠李唐乳酸杆菌（*Lactobacillus rhamnosus*）	[189-190]
芪楂口服液药渣	含 7.72% CP、2.46% CF、5.70%粗脂肪、44.15% ADF、50.07% NDF、25.38%灰分、95.04% DM、13.09 MJ/kg 总能	纤维含量高、适口性差、转化率低、异味大，影响采食量	枯草芽孢杆菌（*Bacillussubtilis*）、酵母菌（*Saccharomyce*）、乳酸菌（*Lactobacillus*）和丁酸梭菌（*Clostridium butyricum*）等	[191]
板蓝根	含 1.08% CP、25.72% CF、82.57% DM、49.61%有机碳、2.36%淀粉、1.30% WSC、0.02%总磷	木质素、半纤维素等粗纤维含量高，味苦，适口性差，消化率低	嗜酸乳杆菌（*Lactobacillus acidophilus*）、粪链球菌（*Streptococcus faecalis*）、灵芝（*Ganoderma*）	[192-194]

中药渣（黄芪、当归、熟地黄、白芍混合药渣）替代0.2%米糠的日粮饲喂母猪（产前21 d至产后21 d），研究发现与未发酵中药渣相比，发酵中药渣不影响母猪产仔数、存活率等繁殖性能（$P>0.05$），降低40.98%的母猪产后背膘损失，缩短发情间隔（0.75 d）并增加发情率（4.35%，$P<0.05$）；同时也发现，发酵中药渣提高后代仔猪窝重（2.52 kg，$P<0.05$）及ADG（$P>0.05$），但不影响其腹泻率（$P>0.05$）；而与普通日粮相比，添加发酵与未发酵中药渣均可改善后代仔猪腹泻率（$P<0.05$）。因此，黄芪、当归、熟地黄、白芍混合药渣发酵料可替代基础日粮中0.2%的米糠，不影响母猪繁殖性能及产后修复，同时改善后代仔猪腹泻情况，促进后代仔猪生长[176]。添加4%黄芪药渣发酵料可显著提高青脚麻鸡BW、ADG、ADFI（$P<0.05$），不影响F/G（$P>0.05$）；增加胸腺、法氏囊等免疫器官系数；增加血浆中白蛋白、总蛋白、T-SOD含量（$P<0.05$）。4%黄芪药渣发酵料可促进青脚麻鸡生长，提高免疫及抗氧化能力（$P<0.05$）[179]。添加4%的中草药发酵饲料可显著降低ADFI（$P<0.05$），不影响ADG（$P>0.05$），增加F/G（$P<0.05$），提高生长育肥猪生长性能（$P<0.05$）；降低背膘厚，增加瘦肉率，提高屠宰性能（$P<0.05$）；增加血清IgG、n-3脂肪酸含量，降低n-6/n-3比值及脂肪酸氧化，提高机体免疫及抗氧化能力（$P<0.05$）[180]。

中药渣种类及资源丰富，含粗蛋白、粗纤维、粗脂肪、微量元素等营养物质及活性物质，且残留的药用成分不易在动物体内富集及产生耐药性，具有较高的营养和药用价值，可作为天然、绿色、安全的饲料原料及添加剂在畜禽养殖中广泛应用。中药渣作为饲料原料进行微生物发酵，可改善中草药气味、营养成分等饲料品质，提高饲料转化率，促进动物生长。因此，中草药发酵饲料可作为抗生素替代品，促进动物生长与健康，在畜禽养殖业应用与推广可有效减少药渣废弃物的排放，缓解环境污染压力，促进中草药种植业、制药工业与养殖业的循环、绿色、生态、可持续发展。

参考文献

[1] 刘盼，刘新利．绿色木霉、黄孢原毛平革菌和重组毕赤酵母混合发酵玉米秸秆制备饲料的工艺研究［J］．饲料工业，2016，37（13）：31-34.

[2] 王雨琼，周道玮．白腐菌对玉米秸秆营养价值及抗氧化性能的影响［J］．动物营养学报，2017，29（11）：4108-4115.

[3] 李红亚，李文，李术娜，等．解淀粉芽孢杆菌复合菌剂对玉米秸秆的降解作用及表征［J］．草业学报，2017，26（6）：153-167.

[4] 王全，李术娜，李红亚，等．发酵玉米秸秆粉饲料的研制及其对肉鹅生长性能的影响［J］．饲料工业，2016，37（3）：44-48.

[5] 李林，赵宇，陈群，等．秸秆生物发酵饲料对肉羊生产性能与血液生化指标的影响[J]．东北农业科学，2017，42（6）：41-44.
[6] 王鹏，姜海龙，蔡维北，等．发酵玉米秸秆对生长育肥猪生产性能、肉品质及经济效益的影响[J]．饲料工业，2014，35（23）：44-47.
[7] 齐聪岩，李红亚，王树香，等．发酵玉米秸秆对獭兔生长性能的影响及其促生长机理的研究[J]．中国畜牧兽医，2017，44（7）：2003-2008.
[8] 郭乐乐．发酵玉米秸秆营养成分分析及其对鸡饲喂效果的研究[D]．保定：河北农业大学，2013.
[9] 任勰珂，陈莉，卢红梅，等．多菌种混合固态发酵秸秆的研究[J]．食品工业科技，2017，38（7）：130-134.
[10] 顾拥建，丁成龙，占今舜，等．青贮稻秸秆对山羊生长性能和血液生化指标的影响[J]．中国农学通报，2018，34（5）：129-133.
[11] 陈凌华，杨志坚，程祖锌．添加酶制剂和乳酸菌对水稻秸秆青贮质量的影响[J]．中国饲料，2018，(20)：81-85.
[12] 冯文晓，陈国顺，陶莲，等．不同生物处理水稻秸秆对肉用绵羊生长性能、屠宰性能及器官发育的影响[J]．动物营养学报，2017，29（4）：1392-1400.
[13] 丁琳，刘志强，杨金勇，等．食用菌发酵对油菜秸秆多元化饲料营养品质的影响[J]．浙江农业科学，2018，59（6）：1033-1035.
[14] 李浪，张晋源，涂瑞，等．发酵油菜秸秆对育肥肉牛生产性能及养分消化率的影响[J]．四川畜牧兽医，2017，44（9）：22-24.
[15] 陈宇，郭春华，徐旭，等．添加微生物发酵剂对油菜秸秆品质的影响及在肉山羊上的应用[J]．中国饲料，2018（3）：76-81.
[16] 余建明，施凯强，王盛炜，等．我国秸秆分布情况及转化生产燃料乙醇的研究进展[J]．生物产业技术，2018（4）：33-40.
[17] 刘纪成，刘佳，张敏，等．不同真菌发酵对花生秸秆营养含量及酶活性的影响[J]．中国饲料，2018，(15)：73-77.
[18] 路立里，高丽，王晶，等．棉花秸秆和甜菜渣不同比例混贮对发酵品质的影响[J]．草食家畜，2017（4）：28-32.
[19] 郭刚，原现军，林园园，等．添加糖蜜与乳酸菌对燕麦秸秆和黑麦草混合青贮品质的影响[J]．草地学报，2014，22（2）：409-413.
[20] 顾拥建，占今舜，沙文锋，等．不同处理方式对青贮蚕豆秸秆发酵品质和营养成分的影响[J]．饲料研究，2016（8）：1-3.
[21] 李术娜，王全，徐丽娜，等．发酵花生秧粉粗饲料的研制及其在肉鸭养殖中的应用[J]．饲料工业，2015，36（16）：40-44.
[22] 侯敏，包慧芳，王宁，等．棉秸秆纤维素降解菌系构建及固体发酵条件优化[J]．新疆农业科学，2018，55（5）：936-948.
[23] 王婷，王新峰，沈思军，等．日粮中发酵小麦秸秆替代水平对绵羊生长性能及血清生化指标的影响[J]．畜牧与兽医，2017，49（11）：30-35.

[24] 朱勇，余思佳，包健，等．发酵鲜食大豆秸秆对母羊繁殖性能、初乳品质及消化性能的影响［J］．中国畜牧兽医，2017，44（1）：100-105.
[25] 张仲卿，张爱忠，姜宁．白腐真菌处理稻草秸秆饲料的研究进展［J］．黑龙江畜牧兽医，2018（15）：47-50.
[26] 王鸿泽，彭全辉，康坤，等．不同混合比例对甘薯蔓、酒糟及稻草混合青贮品质的影响［J］．动物营养学报，2014，26（12）：3868-3876.
[27] 沈东珍．不同青贮方式对水稻秸秆发酵品质的影响［J］．中国饲料，2018（4）：75-79.
[28] 宋鸽，朱小清，张诗，等．绿汁发酵液和纤维素酶对稻草青贮及稻草、甘蔗梢混合青贮品质的影响［J］．中国畜牧兽医，2017，44（12）：3512-3518.
[29] 袁翠林，于子洋，王文丹，等．豆秸、花生秧和青贮玉米秸间的组合效应研究［J］．动物营养学报，2015，27（2）：647-654.
[30] 顾拥建，占今舜，沙文锋，等．不同处理方式对大豆秸秆发酵品质和营养成分的影响［J］．江苏农业科学，2016，44（5）：308-310.
[31] 申瑞瑞，李秋凤，李运起，等．不同添加剂对薯渣与玉米秸秆混贮饲料发酵品质及牛瘤胃降解率的影响［J］．草业学报，2018，27（11）：200-208.
[32] 杨闻文，付晓悦，杨彪，等．不同物料对马铃薯茎叶青贮特性和发酵品质的影响［J］．动物营养学报，2015，27（11）：3643-3648.
[33] 李苗苗，谢华德，王立超，等．不同水分及乳酸菌处理对玉米秸秆黄贮发酵指标和体外干物质消失率的影响［J］．黑龙江畜牧兽医，2018（19）：133-137.
[34] 孔凡虎，朱应民，许海军，等．发酵玉米秸秆对提高肉羊生产性能的应用研究［J］．山东畜牧兽医，2015，36（8）：19-20.
[35] 魏炳栋，邱玉朗，陈群，等．发酵玉米秸秆对育肥羊生长性能、营养物质消化率及甲烷排放的影响［J］．中国畜牧兽医，2016，43（12）：3200-3205.
[36] 陈柯，陈华，刘大军．微生物发酵秸秆对山羊生产性能的影响及其机理研究［J］．中国饲料，2018（2）：25-29.
[37] 刘纪成，张敏，刘佳，等．花生秸秆在畜禽生产中的利用现状及其生物发酵技术［J］．中国饲料，2017（20）：36-38.
[38] 王雷雷，冯晋，余中华，等．不同真菌发酵对花生秸秆发酵产物营养指标及水解效率的影响［J］．湖南农业科学，2015（12）：1-4.
[39] 龚剑明，赵向辉，周珊，等．不同真菌发酵对油菜秸秆养分含量、酶活性及体外发酵有机物降解率的影响［J］．动物营养学报，2015，27（7）：2309-2316.
[40] 高海燕，谢占玲，汤易兰，等．混菌发酵降解燕麦秸秆及不同属真菌间的协同和拮抗作用研究［J］．青海师范大学学报（自然科学版），2011，27（1）：56-62.
[41] 杨天育，何继红，董孔军，等．6种作物秸秆饲草营养品质的分析与评价［J］．西北农业学报，2011，20（11）：39-41.
[42] 古丽努尔·阿曼别克，阿依古丽·达嘎尔别克，热娜古丽·木沙，等．青贮发酵对番茄渣营养成分的影响［J］．山东农业科学，2016，48（5）：124-126.

[43] 朱雯，郭海明，张勇，等．添加乳酸菌和米糠对茭白鞘叶青贮品质的影响［J］．中国畜牧杂志，2015，51（1）：54-59.
[44] 魏程程，王英琪，杨宏志．尾菜厌氧消化处理研究进展［J］．农产品加工，2018（19）：71-74.
[45] 邵建宁，彭章普，张文齐，等．尾菜液体青贮菌剂制备及应用［J］．中国酿造，2016，35（10）：95-98.
[46] 早热古丽·热合曼，热娜古丽·木沙，哈丽代·热合木江，等．不同菌种添加对番茄渣混合青贮发酵及消化率的影响［J］．畜牧与饲料科学，2013，34（5）：58-60.
[47] 许庆方，董宽虎，王保平，等．芥菜叶青贮的研究［J］．饲料博览，2010（6）：44-45.
[48] 王俊锋，连慧香，汤莉，等．乳酸菌制剂对马齿苋青贮饲料品质的影响［J］．粮食与饲料工业，2015（8）：41-43.
[49] 王慧媛，郭同军，王文奇，等．番茄渣和全株玉米不同混合比例混贮效果的研究［J］．饲料研究，2015（17）：67-71.
[50] 杨道兰，汪建旭，冯炜弘，等．花椰菜茎叶与玉米秸秆的混贮品质［J］．草业科学，2014，31（3）：551-557.
[51] 古丽努尔·阿曼别克，玛里兰·毕克塔依尔，艾比布拉·伊马木．日粮中添加番茄渣对围产期奶牛抗氧化性能的影响［J］．中国畜牧兽医，2017，44（4）：1016-1021.
[52] 赵芸君，郭俊清，张扬，等．番茄渣发酵饲料对新疆褐牛生产性能、乳成分及血细胞参数的影响［J］．新疆农业科学，2012，49（8）：1546-1551.
[53] 薛惠琴，原现军，杭怡琼，等．添加麸皮对花椰菜茎叶青贮发酵特性和营养价值的影响［J］．上海农业学报，2013，29（4）：27-30.
[54] 冯炜弘，汪建旭，杨道兰，等．乳酸菌剂对花椰菜茎叶青贮饲料发酵品质的影响［J］．中国饲料，2013（15）：19-24.
[55] 张继，武光朋，高义霞，等．蔬菜废弃物固体发酵生产饲料蛋白［J］．西北师范大学学报（自然科学版），2007（4）：85-89.
[56] 聂明达，薛艳林．乳酸菌对赖草青贮饲料品质的影响［J］．黑龙江畜牧兽医，2014（8）：80-81.
[57] 关皓，张明均，宋珊，等．添加剂对不同干物质含量的多花黑麦草青贮品质的影响［J］．草业科学，2017，34（10）：2157-2163.
[58] 殷海成，周孟清．饲粮中添加苜蓿草粉或发酵苜蓿草粉对鹅生长性能、血清抗氧化酶及消化酶活性的影响［J］．动物营养学报，2015，27（5）：1492-1500.
[59] 李平，白史且，游明鸿，等．不同添加剂对低水分虉草青贮品质的影响［J］．草业与畜牧，2013（6）：1-5.
[60] 卫莹莹，玉柱．不同添加剂对高丹草青贮的影响［J］．草地学报，2016，24（3）：658-662.
[61] 王应芬，李龙兴，张明均，等．酶和乳酸菌对多年生黑麦草与玉米秸秆混合青贮发酵品质的影响［J］．中国农学通报，2017，33（5）：107-111.

[62] 王昆昆，玉柱，邵涛，等．乳酸菌制剂对不同比例苜蓿和披碱草混贮发酵品质的影响［J］．草业学报，2010，19（4）：94－100.
[63] 哈斯亚提・托逊江，哈丽代・热合木江，祖尔东・热合曼，等．苏丹草和草木樨混贮发酵品质研究［J］．草食家畜，2013（4）：62－64.
[64] 董臣飞，丁成龙，许能祥，等．不同生育期和凋萎时间对多花黑麦草饲用和发酵品质的影响［J］．草业学报，2015，24（6）：125－132.
[65] 刘远，吴贤锋，陈鑫珠，等．牧草叶作为饲料原料的营养价值分析［J］．中国农学通报，2018，34（17）：135－139.
[66] 王超，西野直树，金海，等．TMR青贮中存在的乳酸菌对意大利黑麦草青贮的发酵品质和有氧稳定性的影响［J］．饲料工业，2017，38（4）：55－60.
[67] 刘亚伟，张延辉，赵芳，等．不同生育期红三叶草营养成分含量变化研究［J］．新疆农业科学，2017，54（8）：1531－1539.
[68] 孟翠红，张福元．发酵红三叶草对肉仔鸡公鸡生产性能的研究［J］．黑龙江畜牧兽医，2014（21）：114－116.
[69] 马丽．浅谈草木樨的综合利用［J］．新疆畜牧业，2005（4）：56－57.
[70] 王雁，张新全，杨富裕．添加丙酸和乳酸菌对杂交狼尾草青贮发酵品质的影响［J］．草业科学，2012，29（9）：1468－1472.
[71] 刘秦华，李湘玉，丁良，等．添加剂对象草青贮发酵品质、α-生育酚和β-胡萝卜素的影响［J］．草地学报，2015，23（6）：1317－1322.
[72] 赵苗苗，玉柱．添加乳酸菌及纤维素酶对象草青贮品质的改善效果［J］．草地学报，2015，23（1）：205－210.
[73] 王莹，玉柱．不同添加剂对披碱草青贮发酵品质的影响［J］．中国奶牛，2010（7）：21－25.
[74] 孟翠红，张福元．发酵红三叶草对肉仔鸡饲料消化率的影响［J］．饲料博览，2014（12）：6－11.
[75] 孟翠红，张福元．红三叶草固态发酵物对肉仔公鸡免疫机能的影响［J］．安徽农业科学，2014，42（36）：12915－12917.
[76] 欧阳艳，郑继昌，许何友．发酵皇竹草对育成阶段清远麻鸡增重性能的影响［J］．养禽与禽病防治，2017（2）：5－7.
[77] 欧荣娣，邢月腾，范觉鑫，等．枯草芽孢杆菌固态发酵米糠及其对临武鸭生长性能的影响［J］．饲料博览，2014（8）：1－5.
[78] 曹香林，陈建军．混菌固态发酵麸皮条件优化及离体消化研究［J］．中国畜牧兽医，2014，41（4）：123－127.
[79] 王小平，雷激，唐诗，等．酵母发酵改善麸皮食用品质的研究［J］．食品工业科技，2016，37（10）：231－235.
[80] 李加友，沈洁，陆筑凤，等．麸皮发酵饲料的过程控制及其应用［J］．中国畜牧杂志，2013，49（13）：46－50.
[81] 曾岚，陈荣华，蒋昀，等．发酵麦麸酚酸类物质的抗氧化活性的研究［J］．食品科

技，2015，40（12）：128-131.
[82] 杨晋青，党文庆，何敏，等．发酵麸皮在保育仔猪饲料中的应用研究［J］．粮食与饲料工业，2018（11）：38-41.
[83] 尹孝超，钱海峰，王立，等．米糠固态发酵工艺优化及其氨基酸变化［J］．食品与机械，2017，33（3）：42-46.
[84] 王稳航，袁雪娇，刘安军．米糠发酵过程中脂肪酸组分及含量变化的研究［J］．食品科技，2011，36（5）：152-155.
[85] 文伟，张名位，刘磊，等．乳酸菌发酵对脱脂米糠中糖和酚类物质含量的影响［J］．现代食品科技，2016，32（2）：137-141.
[86] 李秀花，靳玲品，李文菊．杏渣和米糠混合青贮发酵品质的测定［J］．黑龙江畜牧兽医，2018（2）：144-146.
[87] 王雅波，刘占英，兰辉，等．酵母菌发酵玉米皮制备菌体蛋白饲料［J］．中国饲料，2017（4）：31-33.
[88] 季彬，祁宏山，王治业，等．微生物促生剂发酵玉米皮生产饲料蛋白研究［J］．中国酿造，2017，36（1）：107-110.
[89] 李浩，宋泽和，范志勇．麦麸的主要营养特性及其在畜禽饲料中的应用［J］．中国饲料，2018（3）：66-69.
[90] 付霞杰，段涛，王思宇，等．云南半细毛羊7种常用能量饲料可消化粗蛋白质和有效能的评价［J］．动物营养学报，2019，31（1）：205-213.
[91] 李翔宇，马慧，焦冠儒，等．混菌固态发酵麸皮生产微生态蛋白饲料工艺研究［J］．农业科技与装备，2017（7）：48-51.
[92] 牛丽亚，黄占旺，蒋丽君，等．以麦麸为原料固态发酵开发多菌种微生态制剂的研究［J］．粮食与饲料工业，2009（1）：24-26.
[93] 杨荣，朱双红，王华朗，等．大米加工主要副产品资源在畜禽饲料中的应用［J］．广东饲料，2018，27（9）：39-42.
[94] 吴妙鸿，黄薇，刘兰英，等．米糠营养成分分析及其在鲍鱼饲料中的应用价值研究［J］．粮食与饲料工业，2018（3）：34-37.
[95] B C Nwanguma，Achebe A C，Ezeanyika L U，et al. Toxicity of oxidized fats II：tissue levels of lipid peroxides in rats fed a thermally oxidized corn oil diet［J］. Food Chem Toxicol，1999，37（4）：413-416.
[96] 李雄．利用黑曲霉固态发酵啤酒糟生产饲料复合酶制剂及其应用的研究［D］．无锡：江南大学，2009.
[97] 王晓力，王帆，孙尚琛，等．多菌种协同发酵啤酒糟渣和苹果渣生产蛋白饲料的研究［J］．饲料工业，2016（3）：32-38.
[98] 薛小强．发酵木薯酒精糟工艺优化及其对肉鸭生长性能和肉品质的影响［D］．武汉：武汉轻工大学，2015.
[99] 万孝康，舒培金．早籼稻谷酒精糟饲喂育肥猪中间试验报告［J］．江西饲料，2002（1）：20-23.

[100] 陈风风．利用酒糟生产饲料的研究［J］．中国畜牧兽医文摘，2011（5）：175-176.

[101] 曹磊．玉米淀粉糖渣发酵制备乳酸活菌饲料［D］．无锡：江南大学，2010.

[102] 樊懿萱，王锋，王强，等．发酵木薯渣替代部分玉米对湖羊生长性能、血清生化指标、屠宰性能和肉品质的影响［J］．草业学报，2017（3）：91-99.

[103] 桑国俊．糖渣综合利用技术［J］．畜禽业，1998（8）：32-34.

[104] 高东宁，曹磊，许赣荣．以玉米淀粉糖渣为原料制备米曲发酵酱油［J］．生物加工过程，2011（3）：61-65.

[105] 成训研．用微生物降解法生产甘蔗渣饲料［J］．饲料研究，2001（3）：38.

[106] 柳富杰．甘蔗渣制备青贮饲料的研究［D］．南宁：广西大学，2017.

[107] 李伟，刘学良，郭春晖，等．马铃薯糟渣饲料部分替代玉米对奶牛产奶量的影响［J］．黑龙江畜牧兽医，2016（24）：72-74.

[108] Меченъи A.，董金才．有效利用甜菜渣的一些方法［J］．国外畜牧学（草食家畜），1986（4）：46-47.

[109] 钱建江．甜菜糖渣贮藏保鲜和饲喂的研究［J］．中国草食动物，2001（1）：28-29.

[110] 邱宏瑞，俞建山．酱油糟渣发酵菌蛋白饲料的研究［J］．中国酿造，1996（5）：20-22.

[111] 蒋爱国．酱油渣和醋糟的营养价值及发酵技术［J］．农村新技术，2012（9）：69-70.

[112] 李湛，王晔．酱油渣发酵生产蛋白质饲料的研究［J］．广东饲料，2009（10）：21-24.

[113] 曾李，习欠云，张庆宇，等．酱油渣发酵工艺及蛋白质含量变化研究［J］．动物营养学报，2015（8）：2628-2636.

[114] 崔耀明．山西老陈醋醋糟混菌发酵菌种筛选及其发酵条件优化［D］．北京：中国农业科学院，2015.

[115] 张建新，岳文斌，丛日晨．醋糟发酵菌种的筛选及其发酵条件研究［J］．水土保持研究，2000（4）：85-88.

[116] 周维仁，李优琴，薛飞，等．酱糟发酵饲料和醋糟发酵饲料替代肉猪日粮中豆粕的饲养试验［J］．江苏农业科学，2001（2）：61-62.

[117] 杨耀翔，董晓芳，佟建明．醋糟和发酵醋糟在蛋鸡上的营养价值评定［J］．动物营养学报，2018（6）：2352-2358.

[118] 邵莲花，王锦平，李建英．发酵醋糟喂猪试验［J］．山西农业科学，2004（4）：80-82.

[119] Song Z T，Dong X F，Tong J M，et al. Effects of waste vinegar residue on nutrient digestibility and nitrogen balance in laying hens［J］. Livestock Science，2012，150（1）：67-73.

[120] 杨耀翔，董晓芳，佟建明．醋糟和发酵醋糟在蛋鸡上的营养价值评定［J］．动物营养学报，2018（6）：2352-2358.

[121] 周闯，申远航，王锋．不同微生物组合发酵杏鲍菇菌糠及发酵条件优化［C］．蚌

埠：2018年全国养羊生产与学术研讨会，2018.
[122] 郑有坤，易敏，陈建州，等．微生物发酵对香菇菌糠饲料品质的影响［J］．西南农业学报，2013，26（3）：1143-1147.
[123] 刘世操，刘梓洋，祝爱侠，等．杏鲍菇菌糠固态发酵工艺条件的优化及在生长猪上的应用［J］．中国畜牧杂志，2017（9）：86-91.
[124] 叶红英，张宗庆，肖明举，等．菌糠饲料饲喂可乐育肥猪的试验［J］．饲料研究，2011（3）：81-82.
[125] 高旭红，窦林敏，李佳腾，等．杏鲍菇菌糠饲料的发酵条件及其对山羊的饲喂效果［J］．动物营养学报，2018，30（5）：1973-1980.
[126] 魏涛．杏鲍菇菌糠的营养价值及其在肉牛育肥上的应用［D］．扬州：扬州大学，2018.
[127] 张书良，张玉兰，朱金英，等．杏鲍菇菌渣饲料对柴鸡和肉鸭增重效果的影响[J]．山东农业科学，2016（6）：115-117.
[128] 乔君毅，张福元．混菌固态发酵豆渣生产菌体蛋白饲料生产工艺的研究［J］．饲料工业，2008（22）：21-24.
[129] Vong WC，Au Yang KL，Liu SQ. Okara（soybean residue）biotransformation by yeast Yarrowia lipolytica［J］. Int J Food Microbiol，2016，23：51-59.
[130] Li S，Gao A，Dong S，et al. Purification，antitumor and immunomodulator activity of polysaccharides from soybean residue fermented with Morchella esculenta［J］. Int J Biol Macromol，2017，96：26-34.
[131] 侍宝路，王计伟，刘春雪，等．混菌固态发酵豆渣生产酸化饲料工艺条件研究[J]．饲料工业，2018（2）：51-55.
[132] 三六．豆渣发酵养鹅技术［J］．农家之友，2018（1）：49-50.
[133] 李剑锋，蒋小文，肖兵南，等．复合生物菌剂发酵豆渣饲喂肉牛的效果试验［J］．现代农业科技，2017（20）：215.
[134] 曹云．发酵豆渣对哺乳母猪生产性能的影响［J］．畜禽业，2018（4）：12-13.
[135] 王美凤．发酵豆渣饲喂育肥猪的效果试验［J］．现代农业科技，2010（1）：304.
[136] 蔡辉益，于继英，刘世杰，等．发酵豆渣替代部分颗粒饲料液体饲喂生长育肥猪效果［J］．饲料工业，2018（16）：1-5.
[137] 戴源森．发酵豆渣在生猪养殖过程中的应用［J］．畜牧与兽医，2014（10）：124.
[138] 黄金华，王士长，梁珠民等．不同处理对木薯渣饲料营养价值的比较［J］．广西农业科学，2009（6）：768-771.
[139] 萨仁呼，白梦娇，王思珍，等．植物乳杆菌固态发酵马铃薯渣制备生物饲料的研究［J］．粮食与饲料工业，2018（3）：31-33.
[140] 倪颖，张宝明，郑茹．林木果实、食用菌菌糠及其糟渣类在畜牧生产上的应用［J］．中国畜牧兽医文摘，2017，33（7）：225.
[141] 齐向前，孙凯英，李荣勤．影响豆渣发酵饲料质量因素的探讨［J］．大豆通报，1997（5）：24.

[142] 罗文，王晓力，朱新强，等．固态发酵豆渣和苹果渣复合蛋白饲料的研究［J］．粮食与饲料工业，2017（2）：44-48.
[143] 刘芸．苹果渣固态发酵高蛋白产量菌株筛选及发酵条件研究［D］．西安：陕西师范大学，2011.
[144] 王丽媛．苹果渣固态发酵饲料蛋白的研究［D］．西安：陕西师范大学，2010.
[145] 侯霞霞．青贮用优良乳酸菌的筛选及苹果渣发酵试验研究［D］．杨凌：西北农林科技大学，2014.
[146] 朱越，罗军，王龙坛，等．苹果渣青贮料对奶山羊产奶量及鲜奶品质的影响［J］．黑龙江畜牧兽医，2010（17）：70-72.
[147] 廖云琼．苹果渣对樱桃谷肉鸭生长性能的影响［D］．杨凌：西北农林科技大学，2017.
[148] 张为鹏，胡昌军，沈美清．苹果渣与玉米秸混合青贮饲喂奶牛的试验［J］．山东畜牧兽医，2002（6）：4.
[149] 杨锦才．柑橘渣发酵生产蛋白饲料的研究［D］．北京：中国农业大学，2001.
[150] 志莉．玉米芯柑橘渣混合青贮料的价值评定及其对肉牛瘤胃降解和生产性能的影响［D］．雅安：四川农业大学，2011.
[151] Scerra V，Caparra P，Foti F，et al. Citrus pulp and wheat straw silage as an ingredient in lamb diets：effects on growth and carcass and meat quality［J］. Small Rumin Res，2001，40（1）：51-56.
[152] 王帅．发酵柑橘渣对仔猪生长和肠道发育的影响［D］．重庆：西南大学，2014.
[153] 吴剑波．发酵柑橘渣对育肥猪的营养价值和饲用价值研究［D］．重庆：西南大学，2017.
[154] 钟灿桦，黄和，秦小明．菠萝皮发酵生产饲料蛋白的工艺条件研究［J］．饲料工业，2007（11）：54-57.
[155] 梁耀开，邓毛程，吴亚丽．利用菠萝皮渣生产蛋白饲料的发酵条件研究［J］．河南农业科学，2010（9）：129-131.
[156] Gowda NK，Vallesha NC，Awachat VB，et al. Study on evaluation of silage from pineapple（Ananas comosus）fruit residue as livestock feed［J］. Trop Anim Health Prod，2015，47（3）：557-561.
[157] 邝哲师，张玲华，孙晓刚，等．菠萝渣发酵培养物对奶牛生产性能的影响［J］．饲料研究，2006（5）：40-42.
[158] 彭超威．菠萝渣在生长育肥猪日粮中的饲用价值研究［J］．饲料研究，1992（8）：15-16.
[159] 翟羽佳，张惠玲，张丽芝．酵母菌和乳酸菌发酵葡萄皮渣生物饲料的研究［J］．畜牧与饲料科学，2018（7）：70-75.
[160] 杨光瑞，朱新强，王春梅，等．固态发酵啤酒糟和葡萄渣复合蛋白饲料的研究［C］．西宁：第四届草业大会，2016：12.
[161] 朱新强，魏清伟，王永刚等．固态发酵豆渣、葡萄渣和苹果渣复合蛋白饲料的研究

[J]. 饲料研究，2016 (4)：54-59.
[162] 冯昕炜，许贵善，陈红梅．酵母菌发酵葡萄渣最优发酵条件筛选 [J]．畜牧与兽医，2012 (9)：47-49.
[163] 刘自新，梅宁安，王华等．发酵葡萄渣颗粒饲料对育肥牛生长性能的影响 [J]．畜牧与饲料科学，2014 (2)：55-56.
[164] 梅宁安，刘自新，王华等．发酵葡萄渣对肉仔鸡生产性能的影响及安全性评价试验 [J]．畜牧与饲料科学，2014 (4)：18-21.
[165] 金敬红，吴素玲，孙晓明．复合微生物菌群生产沙棘生物饲料的研究 [J]．中国野生植物资源，2015 (6)：65-67.
[166] 廖天江．饲料中添加发酵沙棘籽渣对蛋鸡生产性能及肠道菌群的影响 [J]．国外畜牧学（猪与禽），2018 (10)：61-63.
[167] 张强，徐升运，任平，等．沙棘果渣发酵生产蛋白饲料的研究 [J]．安徽农业科学，2012 (28)：13997-13998.
[168] 刁小高，郝小燕，赵俊星等．饲粮中添加沙棘果渣对育肥羊生长性能、屠宰性能、肉品质及消化道内容物 pH 的影响 [J]．动物营养学报，2018 (8)：3258-3266.
[169] 王海微，郑楠，韩荣伟，等．果渣类非常规饲料在养羊业中应用的研究进展 [J]．中国畜牧兽医，2013 (11)：83-87.
[170] 朱光辉，邝海菊，牛新民，等．适用于赛马的沙棘复合饲料研究 [J]．草食家畜，2015 (4)：40-44.
[171] 高玉云，黄迎春，袁智勇，等．果渣类饲料的开发与利用 [J]．广东饲料，2008 (10)：35-37.
[172] 张石蕊，陈铁壁，金宏．柑橘加工副产品中饲料营养物质的测定 [J]．饲料研究，2004 (1)：28-29.
[173] 王晓敏，刘培剑．菠萝渣在动物生产中的应用研究进展 [J]．广东饲料，2016 (1)：41-42.
[174] 龚霄，王晓芳，林丽静，等．菠萝皮渣发酵饲料的品质研究 [J]．农产品加工，2016 (17)：56-58.
[175] 戚晓舟，宋晨光，凌飞，等．不同菌株发酵沙棘果渣、沙棘叶、沙棘籽渣营养成分变化的研究 [J]．饲料工业，2016 (7)：22-27.
[176] 李华伟，黎智华，祝倩，等．饲粮添加中药渣和发酵中药渣对母猪繁殖性能与子代发育的影响 [J]．动物营养学报，2017 (1)：257-263.
[177] 秦岭，王向东，潘朝智，等．多菌种混合发酵生脉饮药渣生产蛋白饲料工艺条件优化 [J]．食品与生物技术学报，2008 (4)：122-128.
[178] 黎智华，李华伟，张婷，等．发酵中药渣对妊娠母猪繁殖性能、血浆生化参数和抗氧化指标的影响 [J]．动物营养学报，2017 (7)：2416-2422.
[179] 闫先超．黄芪药渣发酵制剂对青脚麻鸡生长性能及部分血清生化指标的影响 [D]．合肥：安徽农业大学，2016.
[180] Ahmed S T，Mun H S，Islam M M，et al. Effects of dietary natural and fermented

herb combination on growth performance, carcass traits and meat quality in grower-finisher pigs [J]. Meat Sci, 2016, 122: 7-15.

[181] 陈华. 固体发酵黄芪药渣工艺条件优化 [D]. 合肥：安徽农业大学，2016.

[182] 孙会轻. 黄芪渣固体发酵菌种的筛选与条件优化 [D]. 天津：天津科技大学，2014.

[183] 谭显东，段娅宁，王君君，等. 三七渣混菌发酵生产蛋白饲料的初步研究 [J]. 饲料研究，2014 (7): 30-33.

[184] 谭显东，胡伟，王浪，等. 利用三七渣固态发酵灵芝菌的研究 [J]. 环境污染与防治，2015 (7): 61-65.

[185] 李粟琳，张翔宇，王洋，等. 可发酵三七等中药材的食用菌种筛选和皂苷生物转化产物的分析 [J]. 食品与发酵工业，2017 (12): 164-168.

[186] 何力，计少石，张志红，等. 穿心莲药渣和甜叶菊渣对羊瘤胃体外发酵的影响[J]. 中国畜牧杂志，2017 (7): 86-89.

[187] 陈丽霞，王毅雄，邱峰. 穿心莲新苷的微生物转化研究 [C]. 济南：第八届天然有机化学研讨会，2010.

[188] 刘华永. 卷枝毛霉转化妊娠烯醇酮的发酵工艺放大研究和穿心莲内酯的微生物转化研究 [D]. 郑州：郑州大学，2012.

[189] 阎宏，任万哲，刘红霞. 枸杞生产加工废弃物饲用价值评价 [J]. 饲料工业，2009 (23): 45-47.

[190] 严倩云，韩舜愈. 枸杞酵素的发酵工艺及优化 [J]. 青海农技推广，2018 (2): 53-58.

[191] 李艳军，苏双良，倪俊芬，等. 藿香正气药渣对泌乳獭兔生产性能的影响 [J]. 中国饲料，2011 (11): 38-39.

[192] 贾伍员，秦坤，刘林. 板蓝根药渣成分的测定及其利用研究 [J]. 泰山医学院学报，2010 (7): 520-521.

[193] 张鹏，刁新平. 板蓝根饲料添加剂发酵工艺的选择与优化 [J]. 黑龙江畜牧兽医，2013 (11): 98-100.

[194] 高慧娟，刘志芳，李彩霞，等. 双向固体发酵对板蓝根和大青叶抑菌的增效作用初探 [J]. 中草药，2016 (18): 3187-3192.

4 农业废弃物的昆虫过腹化关键技术研究与应用

昆虫过腹化技术是指将农业废弃物、餐厨垃圾等废弃物经昆虫过腹后，在昆虫体内微生物、酶等特殊内环境的消化和降解作用下，转化成高附加值产品的一项技术。昆虫在环境保护中起到举足轻重的作用，主要有弹尾目、双翅目、鞘翅目中的拟步甲科和金龟甲科等昆虫（陈晓鸣，1 999）。在农业废弃物和餐厨垃圾处理应用方面，常见的昆虫有蚯蚓、黑水虻、家蝇、蟑螂、黄粉虫及大麦虫。

4.1 蚯蚓

4.1.1 养殖环境

蚯蚓的生存环境一般比较潮湿阴暗，在规模化面积的养殖过程中，可安装水管或者喷水器进行保湿。据文献报道，蚯蚓养殖环境的最适温度为 15～25 ℃，蚯蚓孵卵的最适温度为 20～27 ℃。温度过高或者过低均不利于蚯蚓的生长繁殖，温度过低（≤0 ℃）和过高（>40 ℃）均会导致蚯蚓死亡[1]。

4.1.2 品种

蚯蚓有 12 个科，181 个属，6 000 多种[2]。依据蚯蚓的生活习性及其生态功能，通常可分为表栖类、内栖类和深栖类 3 种。不同生态类群的蚯蚓食性和习性迥异。其中，表栖类蚯蚓适用于有机废弃物的处理。表栖类蚯蚓具有较强的环境适应能力，喜食有机物，生长繁殖力强，是分解处理有机废弃物的最适品种[3]之一。表栖类和内栖类蚯蚓在处理由牛粪、麦秸、厨余垃圾、锯末等组成的混合物饵料时，表栖类比内栖类蚯蚓表现出明显的优势[4]。目前，爱胜蚓属是国内外学者研究最多、实际应用最广泛的蚯蚓品种，其食性广、生长速度快、繁殖率高、对环境的适应能力强、处理畜禽废弃物效果好[5]。廖新俤等人分别用本地蚯蚓、大平 2 号和澳洲 1 号处理腐熟的猪粪和牛粪，比较 3 种蚯蚓的生长繁殖特性。结果发现，3 种蚯蚓均能在基质中生长繁殖，其中，本地种蚯蚓的适应能力明显比其他两种强，而大平 2 号蚯蚓的生长、繁殖能力均较澳洲 1 号强[6]。现国内养殖蚯蚓品种为大平 2 号。

4.1.3 蚯蚓处理粪便可行性分析

4.1.3.1 国外蚯蚓养殖的研究现状

发达国家基本实现了蚯蚓养殖的工厂化和规模化，如美国、日本、加拿大、英国、德国、澳大利亚等国已经对蚯蚓实现“商品化”生产。在国外，将奶牛粪污用于养殖蚯蚓是一项新型产业。

国外养殖蚯蚓，一般采用纯牛粪养殖，但需要严格控制湿度。Reinecke 和 Venter（1987）的试验得出蚯蚓处理奶牛粪便的最适湿度是 75%左右[7]；Lynette 等（1992）研究发现，在温度一定情况下，将 *Perionyx excavatus* 接种于不同湿度的牛粪中，在牛粪湿度为 81%时幼蚓和成蚓生长较好，而蚓茧在湿度为 79%时孵化率最高[8]；Elvira 等（1998）研究发现，利用纯牛粪养殖蚯蚓效果明显好于污泥养殖[9]；Gunadi B 等（2003）研究得出，赤子爱胜蚓在含水量为 90%堆肥牛粪中生长最快[10]；Gupta 等（2007）研究发现，将鲜牛粪和葫芦按 3∶1 比例混合发酵来饲喂蚯蚓，可明显提高蚯蚓的生长发育及繁殖能力[11]；Fuqiang long 等人（2010）利用发酵新鲜牛粪调整 pH，均匀搅拌饲料，可增加营养物质利用率[12]。2015 年 Anna Koubová 等人的研究表明，蚯蚓对堆肥粪污有高效降解作用，说明利用养殖蚯蚓降解奶牛粪污具有可行性[13]。

4.1.3.2 国内蚯蚓养殖的研究现状

我国的蚯蚓养殖始于 20 世纪 80 年代初期，发展步伐相对滞后。据统计，世界上大约有 27 000 多种蚯蚓，而我国约有 160 多种。如威廉环毛蚓、粪蚯蚓、水蚯蚓、大平 2 号和北星 2 号等品种。我国主要以日本大平 2 号蚯蚓品种为主[14]。而最先引进“太平 2 号”养殖的城市是上海市，接踵而来天津市及部分农业科学研究机构等也引进“北星 2 号”养殖。1977—2004 年，蚯蚓养殖呈现“高—低—高”的趋势。

2004 年，贾立明成立了蚯蚓养殖协会，有 15 个养殖基地，总面积达 3 500 亩*。在国内利用奶牛粪污养殖蚯蚓也较普遍。新鲜的猪粪、鸡粪、牛粪、果渣等基料均不适于直接作为蚯蚓的饲料，原因是新鲜的基料水分含量过高、不透气、易产生有害物质和气体，可能导致蚯蚓大批量死亡[1,15]。因此，要充分发挥蚯蚓生长繁殖性能，通过发酵和科学配比蚯蚓饵料，控制饵料湿度，从而达到预期的养殖目的。仓龙等人（2010）用牛、猪、鸡粪及药物残渣均匀混合制成基料，养殖赤子爱胜蚓得出蚯蚓生长和繁殖的最佳湿度分别为 70%、75%、65%[16]；冯春燕等人（2012），利用牛粪好氧堆肥后养殖蚯蚓，

* 亩为我国非法定计量单位，1 亩≈667 m^2。——编者注

结果发现牛粪不经发酵比经发酵更适合养殖蚯蚓[17]；廖威等人报道（2017），将牛粪与鸡粪、发酵剂的比例控制为 60∶10∶0.05，经发酵可达到相关养殖要求[15]。孟现成报道（2018），采用 EM 菌液发酵猪粪养殖蚯蚓，效果良好[1]。

4.1.4　蚯蚓养殖关键技术

4.1.4.1　养殖基地选择与创建

蚯蚓属于常见的陆生环节动物，喜阴暗、潮湿的环境。因此，需要将养殖场地选择在阴凉、安静且排水较为便利的区域，规模化养殖场需要安装水管材料与喷水器机械设备。由于蚯蚓需要食用大量的畜禽粪便，为了保证饵料的充足性，可以将养殖场地选择在畜禽较为丰富的区域，建设在室外与室内，以此保证养殖效果。分区养殖池控制在长约 35 m、宽 20 m 左右，保证可以达到相关要求，提高养殖基地的建设成效[15,18]。

4.1.4.2　基料与饵料

充分保证蚯蚓完全地消化与吸收养分，才能提高其产量，达到预期的养殖目的。推荐配方：将牛粪与鸡粪或猪粪、发酵剂按一定比例（60∶10∶0.05），经发酵获得饵料，饵料和玉米、麦麸粉碎，按照 1∶1 的比例混合，按照 1∶100 的比例与水搅拌，混匀，严格控制饲料的温度与湿度[19]。

4.1.4.3　饲养管理

在蚯蚓规模化高效养殖过程中，养殖户需要做好饲养管理工作：

（1）投放要求　在蚯蚓规模化养殖期间，需要做好投放工作。首先，将基料放置在养殖场地内，堆放高度控制在 20～25 cm，以便于建设培养基，且要留有人行道，保证可以开展日常管理工作。在建设培养基的过程中，可以将每块培养基的规格设置为 32 m×0.5 m，高度 20 cm 左右，然后在上面喷洒清洁的水分，投放蚯蚓，将投放量控制在 5 000 条/m^2 左右。

（2）温度与湿度的控制参数　养殖户需要控制蚯蚓养殖的温度与湿度。蚯蚓依靠皮肤呼吸，需要保证湿润才能溶解氧气，因此，需要定期开展洒水工作，利用喷雾器机械设备洒水。适宜温度、湿度参数，生长温度控制在15～30 ℃，湿度控制在 65%左右，保证通风与透气的良好性，确保分堆中氧气的充足性。夏季高温阶段，做好降温工作；冬季温度较低时期，做好保温工作，可在养殖场地中覆盖稻草，将粪堆加厚有利于保温[20]。

（3）病虫害预防措施　蚯蚓疾病普遍较少，主要预防的是飞禽类，如鸟、蛇、老鼠、蚂蚁等，在养殖过程中要加以防范[1]。在病虫害防治的过程中，需要科学预防淀粉与碳水化合物超标引发的胃酸疾病，可以利用苏打水与石膏粉中和蚯蚓的胃酸，提高疾病防控效果。同时，需要科学地控制蚯蚓养殖床 pH，保证可以满足相关要求与规定[15]。

(4) 饲料与饵料的管理 投放密度 7 000 条/m^2，初始饲料厚度约 20 cm，每 21 d 添加 1 次，根据蚯蚓的生长情况等，适当添加猪粪饲料，保证其可以在新饲料与旧饲料中自由活动与采食。在饲料表层出现粪化现象时，需要在旧饲料上面添加新饲料，厚度控制为 12 cm 左右，经 2 d 左右，蚯蚓就可以进入新饲料中，但此类方式会导致饲料床的厚度增加，产生负面影响。因此，需要养殖户经常翻动饲料床，避免出现底部积水或是蚯蚓深埋的现象[21]。

(5) 采收措施 根据蚯蚓幼虫成型之后各方面综合考虑，采收日期为 3 个月左右。在实际采收管理的过程中，需要科学应用光分离方式，提高采收工作成效，达到预期的管理目的。由于蚯蚓具有一定的趋光性特点，在强光照射下，蚯蚓会不断朝着黑暗的方向逃逸，因此，可以利用趋光方式采收。首先，需要科学引进半自动化机械设备，按照相关要求，避免使用红光方式，保证可以科学利用光线进行分离处理。

4.1.5 经济效益

蚯蚓养殖每亩每年生产投入，包括林地、防护网、种蚯、饲料、水电、工具、人工等费用，共计 5 万～6 万元；每亩每年生产产出，商品蚯（kg/亩）1 200～1 500 kg，蚯蚓粪（t/亩）70～80 t。以商品蚯市场价格 10～14 元/kg 计，可获得 12 000～21 000 元/亩；以蚯蚓粪市场价格 80～100 元/t 计，可获得 5 600～8 000 元/亩。按线性回归方法计，养殖面积为 5.6 亩即可收回成本，每年平均总效益约 2.4 万元/亩，除去基建费，收回成本之后平均亩产净效益约 1.4 万元/年。

4.2 黑水虻

黑水虻，是腐生性的水虻科昆虫，原产于美洲，近年来被引入我国，目前广泛分布于我国贵州、广西、广东、云南、湖南、湖北等地。黑水虻从卵到成虫，共经历 4 个时期，交配产卵期、幼虫期、蛹化期及羽化成虫期，生长周期 40～49 d，幼虫又分为 6 个龄期；生长适宜温度 20～30 ℃；黑水虻以餐厨垃圾、动物粪便、动植物尸体等腐烂的有机物为食。目前，采用农业废弃物养殖黑水虻的技术研究已成为广大科技工作者的焦点。

黑水虻幼虫可以将丰富多样的有机废弃物转化为稳定的生物肥料和生物质[22]，包括动物粪便[23]、餐厨垃圾[24]、市政污泥、酒糟[25]、秸秆[26]，甚至是填埋产生的有机渗滤液[27]。此外，黑水虻可根据饮食的不同，产生具有不同抑菌活性的广谱抗菌肽，削减多种病原体[28]。

4.2.1 黑水虻处理粪便可行性分析

利用黑水虻处理禽畜粪便简单来讲，就是将禽畜粪便作为黑水虻的食物，经腐食性食物链昆虫黑水虻将畜禽粪便转化成高质量的昆虫蛋白饲料，或转化为容易被植物吸收的有机肥，真正实现废弃物的无害化、减量化和资源化利用。

黑水虻取食粪便有机物发生在其幼虫阶段。国外，早在 1983 年 Sheppard 等采用黑水虻处理技术作为猪粪处理手段，结果表明猪粪减量 50%，很大程度控制了家绳的大量繁殖，获得预蛹可作为动物饲料[29]。Stefan Diener 等研究发现每只幼虫在每天添加鸡粪量为 100 mg 时，其转化率可高达 41.88%。Li 等人用牛粪、猪粪和鸡粪分别喂养黑水虻幼虫，取食 10 d 后通过酯化和酯交换可分别制备到 35.5 g、57.8 g 和 91.4 g 的生物柴油[30]。Rehman 等人利用黑水虻处理牛粪和豆渣发现，干物质减量达 56.6%，14.6%干物质转化为黑水虻生物质，氮、磷、碳的利用率分别为 62.1%、52.9%、66.4%，纤维素、半纤维素和木质素的减量分别为 64.9%、63.7%和 36.9%[31]。国内，杨树义等人比较了黑水虻对比发酵猪粪和新鲜猪粪的转化率，结果表明两者的转化率差异不显著，而转化后的粪便虫渣均符合有机肥料的标准[32]。陈海洪等人研究了不同密度黑水虻幼虫对猪粪的转化，结果表明不同饲养密度差异显著，推荐以 0.8 g 幼虫分解 10 kg 猪粪为宜[33]。余峰等人探讨了黑水虻处理 3 种养殖模式下鸭粪的可行性，结果表明，粪便中有机质的含量是影响黑水虻预蛹产量和转化效果的重要因素之一，且鸭粪处理后臭味明显消除[34]。综上所述，黑水虻处理粪便的技术是可行的，值得深入研究。

4.2.2 黑水虻处理餐厨垃圾可行性分析

据报道，餐厨垃圾产生量为 0.10～0.3 kg/（人·d），推测一个百万人口城市每天的餐厨垃圾产生量高达 100～300 t[35]。国内餐厨垃圾处理技术主要有焚烧、填埋、好氧堆肥、厌氧消化、加工饲料等，这些技术均存在不同程度的不足，严重影响环境生态和餐厨垃圾价值的高效利用。

餐厨垃圾具有水分、有机物、油脂和盐分等含量高的特点，有较高的生物转化利用价值。2013 年联合国粮食及农业组织（FAO）第 171 号林业文件报告《可食用昆虫 粮食和饲料安全的未来前景》中力推黑水虻以来，国内运用黑水虻处理餐厨垃圾的研究和应用逐渐增加[36]，并展示出了良好的应用前景，然而关于黑水虻处理餐厨垃圾的文献报道较少。

2017 年代发文等人报道，黑水虻幼虫处理餐厨垃圾浆料在幼虫重 12.37～16.15 mg 和 27.02～46.23 mg 阶段，虫子采食速度和增重速度较快；黑水虻幼虫处理餐厨垃圾浆料，经 8 d 养殖虫体增重 95.67 mg，干物质转化率达到 31.81%[37]。

4.2.3 经济效益

黑水虻处理餐厨垃圾的周期为1周左右。对垃圾要求严格，须经过压缩及粉碎预处理的餐厨垃圾，含水量降至70%左右。添加幼虫为5日龄初孵化幼虫。按每千克餐厨垃圾添加300～600只幼虫的标准投放。餐厨垃圾的处理费为70～80元/t，如按黑水虻幼虫投入量1 000万只计，每天处理餐厨垃圾高达10 t，可产生700～800元/t的经济价值。同时，可获得1 000～2 000 kg/d的水虻鲜虫，产生2 000～3 000 kg/d的有机肥产品，经济效益显著。

简单来讲，利用黑水虻处理禽畜粪便就是将禽畜粪便作为水虻的食物，而水虻的取食过程是将粪便中易腐败的有机营养富集到水虻体内，或者转化为容易被植物吸收的有机肥。根据数据显示，黑水虻处理1 t的新鲜鸡粪（含水量约70%），可以获得约150 kg的水虻鲜虫（按市场价3 000～6 000元/t幼虫计，即每吨新鲜鸡粪可产生600～1 300元经济价值），可产生200 kg的有机肥产品（按市场价格600～1 000元/t计，即每吨新鲜鸡粪可产生120～200元经济价值）。黑水虻处理1 t的新鲜猪粪（含水量约70%），可以获得80～100 kg的水虻鲜虫，产生300 kg的有机肥产品。利用黑水虻处理禽畜粪便，适用于大多数的笼养鸡场、散养鸡场以及养猪场、养鸽场等大量产出粪便的企业。

4.3 家蝇

家蝇（*Musca domestica*）是一种分布广、繁殖周期短、适应性和繁殖力强的昆虫，是自然生态系统腐食食物链中的重要分解者。蝇蛆生长快速，嗜食畜禽粪便，幼虫含有丰富的营养成分，饲用营养价值极高。据报道，规模化、集约化饲养家蝇，利用其生态功能集中转化畜禽粪便等有机废物，能够将有机废物快速转化为生物有机肥并获得蝇蛆优质动物蛋白，有效地将环境治理和资源开发有机结合起来，推进畜禽粪便资源化利用。

4.3.1 品种选择

应选择优良的家蝇品种作为繁育种用，如选择蛆体肥大、产量高，具有较强繁殖能力的杂食性蝇种，剔除大家蝇（腐蝇）和小家蝇（少毛厕蝇）。获取优良家蝇品种有两种方式，分别为引进驯化种和野生种驯化。其中，引进驯化种是指专门的研究机构和专业养殖公司直接购买已经被驯化的蝇种；野生种驯化则是指从野外获取虫态之后，进行室内繁殖，繁殖几代后就可以作为养殖品种[38]。

4.3.2 种蝇的饲养管理

采集种蝇的蛹，将其投放入种蝇饲料中，经3～4 d蛹即开始羽化，从第5天起，成蝇便开始在塑料箱中产卵，应适时增投饲料。家蝇产卵时间在每天的8:00—14:00，所以要掌握产卵规律，及时收集卵，进行育蛆，种蝇产卵5～6次，7～10 d即开始衰老。

4.3.3 种蝇的营养与饲料

4.3.3.1 种蝇饲料成分

采用奶粉和红糖或糖化淀粉作为配制种蝇饲料主要组成成分。每1万只苍蝇每日用奶粉5 g和糖5 g，以适量的水来煮沸，冷却后装盆，其中放几根稻草，供种蝇舔吸；用一定体积盆，盆内装湿的麦麸或米糠（含水量约70%），置于笼内供种蝇产卵用。适宜温度为24～33 ℃，雌种蝇每只每次产卵约100粒，卵呈块状。

糖化淀粉配制：一般12%的面粉，加入80%的水，调匀煮成糊状，放置晾后，再加8%的糖化曲，置于60 ℃的恒温箱中，糖化8 h。

4.3.3.2 幼虫饲养管理

幼虫饲养管理，常用以下几种模式。

(1) 塑料盆（桶）养殖法 适合小规模养殖场、农村小型养殖场、小鱼塘和种苗场。

收集种蝇的卵，投入盛有新鲜鸡、猪粪（比例为1∶1或1∶2）或已经切碎餐厨垃圾的塑料盆（桶）里，可适当添加麦麸增加通透性，盆（桶）养投料减半，再喷洒3%糖水100 mL（或糖厂的废液、糖蜜），在温度18～33 ℃条件下，经4～5 d后即可长出蝇蛆。蝇蛆收集方法：将水注入盆里，用木棍轻轻搅动，将浮于水面的鲜蛆捞出，洗净消毒后直接饲喂动物或加工。渣水倒入沼气池或粪坑发酵，灭菌消毒。若用来喂龟鳖、鳝、鱼，可连粪渣一起倒进池塘饲喂。

(2) 平台水池养殖殖法 适用于中小规模养殖场、小规模餐厨处理。

① 建1～2 m^2的正方形小水泥池若干个，池深5～7 cm。在池边建1个200 cm与池面持平的投料台，池上面搭盖高1.5～2 m的遮阳档雨棚。

② 每池投放餐厨垃圾或新鲜猪、鸡粪各2 kg或4 kg，餐厨垃圾投放前要切碎，新鲜猪、鸡粪投放前，可添加适量麦麸，混合均匀，以提高通透气。

③ 将购买的种蝇卵、经收集的种蝇卵或培育获得的种蝇卵，进行扩大培养，根据种蝇的饲养管理方法进行。

④ 将经扩大培养获得的种蝇卵，分散投放于水池中，在温度18～33 ℃条件下，经4～8 d，见有成蛆往池边爬时，及时捕捞，防止成蛆逃跑。用漏勺或

纱网将成蛆捞出、清水洗净、趁鲜饲喂。

⑤ 清池　当池底不溶性污物层超过 15 cm，影响捕捞成蛆时，可在一次性捞完蛆虫后，将池底污物清除。采用循环投料法，日产鲜蛆 6～12 kg/池。

(3) 规模化养殖法

① 养殖地点选择：在远离住房和靠近畜禽舍的地方，选一块地平整、夯实，以高出地面不积水为宜，作为培养面（4 m^2 左右）。根据饲养规模来确定培养面的数量。

② 支架制作：用铁、木或竹做能覆盖培养面的活动支架，高度适宜（50～80 cm），支架上面及两侧盖遮阳网或布，遮挡直射阳光。

③ 养殖饲料：可用新鲜鸡、猪粪及餐厨垃圾作为养殖饲料。采用粪作为饲料，可适当添加麦麸，提高通透性，在培养面上铺粪，用新鲜鸡、猪粪按 1∶1或 1∶2 拌匀后铺放，铺前先用水拌湿，湿度以不流出粪水为宜（70%～80%），然后把粪疏松均匀摊在培养面上，厚度 5～10 cm，天热时薄，天冷时厚，将收集种蝇卵均匀散在培养面上，最后把活动支架移到培养面上盖住粪层。

④ 蝇卵孵化：蝇卵在 25 ℃时经 8～12 h 即可孵化出蛆虫。蛆虫孵出后，仍要根据水分蒸发情况向粪层喷水，但不要使粪层中有积水，以防蛆虫窒息。罩内温度维持在 20～25 ℃之间。蛆虫生长后期，要降低粪层湿度，以内湿外干为好。

⑤ 蛆虫孵化：刚孵化出蛆虫经 6～9 d 就可利用。原则上不能让大批蛆虫化蛹。由于蛆虫怕阳光直射，收集蝇蛆时应先把支架移开，然后将蛆和粪铲入筛网进行分离，收集蝇蛆。

4.3.3.3　前期配制参数

(1) 种蝇饲养数目的测算　以产卵高峰期测算，据统计，每 1 万只苍蝇产的卵经 5～6 d 饲养，可产鲜蛆 4 kg。日产鲜蛆 100 kg，则需要正常处于产卵高峰期的 25 万只成年苍蝇，1 个生产单元的种蝇饲养数量应确定为 30 万只。考虑到种蝇产完卵后要淘汰更新，一个更新周期至少要 4 d。因此，要准备 2 个单元或以上的种蝇生产规模，才能保证持续不断供应日产 100 kg 蝇蛆需要的卵块。

(2) 饲养房面积及网箱的数量　饲养种蝇模式有房养、笼养和网箱养 3 种，其中以网箱饲养较好。如按每个网箱（长 1 m×宽 1 m×高 0.8 m）放养 1 万～1.5 万只种蝇计，1 个单元需要 20～30 个网箱，网箱在室内分上下两层吊挂固定，30～35 m^2 房间摆放 25～30 个网箱。2 个生产单元共需 60～70 m^2 种蝇房和 50～60 个网箱。

(3) 育蛆培养面面积的计算　以 1 m^2 养殖面积可产 500 g 鲜蛆计，日产 100 kg 鲜蛆需 200 m^2 养殖面积。如采用平面养殖，1 个单元需建总面积

250 m^2的塑料棚；若采用搭架立体养殖，按4层计，需建1个70 m^2 的塑料大棚。棚内搭架与扩建棚面相比，投资基本相同。目前，农村宜推广平面养殖。按蛆从孵出到成熟期5 d计算，要保证连续出蛆，采用流水作业法，则需建5个生产单元。即平面养殖1 250 m^2，立体养殖350 m^2。

(4) 培养基（粪料）的准备 日产100 kg鲜蛆需要400 kg粪料，如按猪粪2份、鸡粪1份的配方（也可按猪粪：鸡粪＝1：1），需要猪粪约267 kg，鸡粪约123 kg。相当于80头猪和2 000只笼养鸡的每天产粪数，才能保证日产100 kg蝇蛆的足够用粪。

4.3.4 家蝇养殖的基本要求与效益评估

家蝇的养殖可利用闲置厂房和农舍养殖。

4.3.4.1 基本设备

蝇笼、蛆盘、料盘、水盘、产卵盘等。

4.3.4.2 基本设施

饲养盘、铁筛、刮板、分离箱、烘箱等。

4.3.4.3 饲养密度

种蝇每平方米放养量一般为2万～2.5万只。

4.3.4.4 种蝇饲料

奶粉和红糖，糖化淀粉，辅以蛆粉或血粉等。

4.3.4.5 经济效益评估

以面积为66 m^2 的饲养棚养蛆计，每平方米放卵7万～8万粒，可产3.5～4.0 kg鲜蛆。

(1) 投入与产出 共需360个饲养盘、60～70个蝇笼、300～350个喂盘（水盘、料盘、产卵盘）；每盘日产1 kg鲜蛆，每棚日产约360 kg，1年按产60批次蛆计，共计约18 t；每吨鲜蛆按2 000元销售，年产值3.6万～5.4万元；扣除投入成本，获得的回报率较可观。

(2) 家蝇的深加工效益 每吨蛹壳产100 kg甲壳素，每千克约100元，每吨10万元；每吨甲壳素生产壳聚糖100 kg，每千克100～150元，每吨10万～15万元；每吨壳聚糖生产100 kg氨基葡萄糖盐类，每千克200～300元，每吨20万～30万元。

4.4 蟑螂

4.4.1 品种

蟑螂，泛指属于蜚蠊目的昆虫，属于节肢动物门昆虫纲蜚蠊目（Blattaria），俗称蟑螂。全世界约有 3 500 种，在我国已发现 168 种。品种有，体型大的如美洲蟑螂（*Periplaneta americana*）、澳洲蟑螂（*Periplaneta australasiae*）及短翅的斑蠊（*Neostylopyag rhombifolia*）；体型小的如德国蟑螂（*Blattella germanica*）、日本姬蠊（*Blattella bisignata*）及亚洲蟑螂（*Blattella asahinai*）。在我国最常见且有饲养利用价值的有美洲大蠊、澳洲大蠊和德国小蠊[39]。

4.4.2 生活习性

蟑螂是昼伏夜出的厌光性昆虫，具有喜温、暗、湿、静等特点。21:00—23:00 是蟑螂活动高峰期，午夜以后活动逐渐减少，天亮则停止活动。蟑螂活动的适温范围是 28～33 ℃，在无光亮、无噪声，温度和湿度适宜的环境下最活跃，食量最大，生长发育最快，繁殖力最强。

蟑螂属杂食偏素食类昆虫，其食性广泛，可食任何有机物。蟑螂有休眠习性，每年 11 月下旬至次年 3 月初为休眠期。其余月份都有活动，其中以 5—9 月为活动期，取食旺盛。蟑螂属于不完全变态发育类昆虫，其发育全过程分卵、若虫和成虫 3 个时期[40]。

4.4.3 蟑螂处理餐厨垃圾可行性分析

近年来，对蟑螂的研究主要集中在蟑螂药用价值的开发方面，其药用价值较高。随着科技工作者对蟑螂的深入研究，人们将不断发现蟑螂的利用价值，从而进一步推动蟑螂产业的更大发展。

近年来，利用蟑螂处理餐厨垃圾的报道较少。据报道，济南市章丘区宁家埠街道明家村的餐厨垃圾生物处理中心，就是利用养殖美洲大蠊来处理餐厨垃圾。2016 年 7 月，该中心成立，当时养殖的蟑螂仅有 300 多 t，日处理餐厨垃圾 15 t。2019 年 5 月底扩建，年底将达到蟑螂养殖量 4 000 t，约 40 亿只，日处理餐厨垃圾 200 t 的规模。实践证明，充分利用美洲大蠊高效、快速、无污染转化餐厨垃圾的技术是可行的。此技术转化获得的副产品美洲大蠊虫体、干粉及卵鞘可作为昆虫蛋白饲料原料，实现餐厨垃圾资源化和循环利用。

4.4.4 蟑螂饲养管理

4.4.1.1 品种选育

（1）品种选择 美洲大蠊，是目前人工养殖蟑螂最多的品种。雄性选择外形狭长，腹节瘦小，翅超出尾端的；选择季节最好在冬春（12 月至翌年 4 月）。雌性选择外形粗壮，腹节肥大，腹尾部钝圆，翅近尾端的；选择季节最好在每年4—6月。在选种时应选个体大、繁殖力强、便于饲养管理的品种。

(2) 交配时间 蟑螂大多数在5—6月羽化，雌雄虫羽化后1周交配，交配后10 d可产卵。雄虫一生可交配多次，而雌虫一生只交配一次就可终身多次产卵。

4.4.1.2 孵化与发育

蟑螂孵化期为3～12周，从卵荚侧面或背面裂开，孵化出若虫。为避免若虫被成虫吃掉，应采取捡卵荚集中孵化法。孵化适宜温度为28～32 ℃，相对湿度为75%～90%。

4.4.1.3 饲养管理方法

蟑螂养殖方法一般有瓦缸饲养法、温室饲养法、木箱饲养法等。养殖前要先准备饲养场所和饲养设备；在饲养过程中，要做好保温、保水、保食、保湿、保静、保暗、防药害、防病害、防天敌等管理工作。

(1) 饲养方法

1）木箱饲养法

① 饲养条件：饲养箱的规格为长70 cm、宽50 cm、高60 cm，箱盖面板活动供操作用。在前后各造一长20 cm、宽15 cm的小窗，用铁纱网钉封，便于观察与空气流通。饲养箱下铺设底板，这样便于清洁卫生。将饲养箱安放在地面较平坦的房舍内。箱内在离箱口10 cm处的前后侧各钉1条方木条，用以放置木框架。木框架呈U形，其规格按饲养箱内宽制作，框架的两边能承放于箱内前后的2条木条上即可，木框架用纸糊上，然后将木框架一个个地叠满于饲养箱内即成为蟑螂栖息的住所。

② 饲养管理：选择健壮的蟑螂作种虫，放入饲养箱内养殖，投入少量饲料，初喂以青绿多汁、营养丰富的水果皮、面包、馒头、米饭为主，供充足清洁饮水，饲料每3 d投1次。饲料放在箱内木框架顶上为好，也可放在箱底地面上，而饮水只能放在箱底地面上。清洁卫生工作每3 d清扫1次。先把饲料箱轻轻移位，清扫干净后移回原位，再投料、换水。蟑螂产卵于木框架纸上为多，经过1个多月的孵化即可孵出幼虫。

2）瓦缸饲养法 视蟑螂饲养量选择适当大小的瓦缸，缸内放置旧报纸卷或牛皮纸卷，供蟑螂栖息。缸口用木板盖实，最好是用铁纱网盖实。饮水与饲料放置在一个固定的位置上，以便于蟑螂形成条件反射，定期到固定的位置上取食。缸养的饲料投放最好用瓷盆盛装，这样残食就不会掉入缸底，减少清洁卫生的难度。

3）温室饲养法 用黑色塑料布建一个大棚，两头留纱窗作通风窗。冬天可用双层塑料膜保温或生火、电热等加温。在棚内中央留一条走道。放入饲料槽和饮水槽，为防止蟑螂掉入水中淹死，可在水槽中放入海绵。棚的两边放些留有缝隙的松软材料或包装鸡蛋用的泡沫板，也可放置木养殖箱。此种方式适合大规模饲养，投资少，成本低，但不易捕捉成虫。

(2) 饲养管理技术要点

① 保温：采用温室箱养方式，全年保持 28～33 ℃的温度环境。

② 保水：水对蟑螂的作用比食物更重要，蟑螂在若虫期断水 2 d 就会死亡，应一直保证槽中有水。

③ 保食：为使蟑螂发育快、强壮、繁殖力强，料槽中不能断料，特别是晚上，必须让它们吃饱。

④ 保湿：蟑螂生活的环境相对湿度要在 70%以上，若太干要喷洒些水。

⑤ 保静：让蟑螂远离噪声，不要人为打扰。

⑥ 保暗：饲养蟑螂的地方光线要暗，用暗室暗箱饲养。

⑦ 防药害：蟑螂对害虫灵、敌百虫、敌敌畏、马拉硫磷等多种农药十分敏感。养蟑螂的地方均禁止使用农药。

⑧ 防病害：防病害包括防蟑螂自身的疾病和防蟑螂成为其他病原体的宿主。注意蟑螂的环境饮食卫生。

⑨ 防天敌：老鼠、蝙蝠、蚂蚁等都吃蟑螂，在养殖过程中注意防止天敌入侵。

4.5 黄粉虫和大麦虫

4.5.1 黄粉虫

黄粉虫（*Tenebrio molitor* L.）是昆虫纲鞘翅目拟步甲科粉甲属的一个物种，原为一种广布于世界各地的仓库和贮藏害虫，现已被人工驯化并可进行高度集约化、大规模工厂化养殖。黄粉虫营养价值高，应用前景广阔。

黄粉虫适应能力和生存能力极强，对生长环境质量要求低，其幼虫食性杂，耐粗饲，可取食玉米粉、麦麸、米糠、秸秆等纤维素含量高的材料。因黄粉虫对恶劣生活环境的适应性极强，可用其处理农业废弃物以及有机生活垃圾。

4.5.2 大麦虫

大麦虫（*Zophobs morio* L.）隶属于昆虫纲鞘翅目拟步甲科粉甲属，近年来从东南亚国家引进，因以麦麸、麦皮为主要食物，也称为麦片虫、麦谷虫、超级面包虫，其蛋白质含量高、营养丰富、药用价值极高[41]。大麦虫和黄粉虫同属一个科，其维生素和矿物质等营养成分含量相当，国内报道大麦虫幼虫水分含量为59.0%～62.5%，粗蛋白含量为42.6%～54.3%，粗脂肪含量为30.8%～34.1%，灰分含量为1.57%～2.90%[42-46]。大麦虫生长在城市生活垃圾、农作物秸秆、农副产品、食品加工下脚料等病原丛生的环境中，表现出超强的适应恶劣环境的能力。

大麦虫具有繁殖量大，繁殖速度快，容易养殖等优点。大麦虫自2003年被引入我国，仅有河南洛阳、浙江舟山等少数几个养殖企业对大麦虫的饲养进行了探索。但由于企业的运营都是以经济效益为导向，且缺乏强有力的设备支持，对于大麦虫综合开发利用的关键技术研究重视不够，进展缓慢。国内外关于利用餐厨垃圾养殖大麦虫的相关文献也较少，仅见2012年王艳萍等人报道利用发酵废料和麦麸按1∶1比例混合饲喂大麦虫[47]；谢娜等人（2013）报道采用食用菌菇渣饲养大麦虫[48]。

4.5.3 黄粉虫处理餐厨垃圾技术可行性分析

餐厨垃圾含水量高（80%～90%），有机质含量丰富（干物质的93%，主要包括淀粉类、蛋白质、动植物油脂类和食物纤维类等），极易腐烂变质、散发臭味，滋生蚊蝇，除对周围环境卫生造成严重影响外，还存在各种安全隐患。餐厨垃圾的产生量十分巨大，随着社会经济发展和人们生活水平提高，这一产量呈快速增长趋势。因此，减量化、无害化、资源化处理餐厨垃圾的问题已迫在眉睫。目前，利用昆虫的腐食性取食行为处理加工过的餐厨垃圾，即通过昆虫的“过腹”转化处理，是一条经济可行且安全的技术途径[49]。

黄粉虫幼虫食性杂、生命力强、转化率高，对生长环境质量要求低，在农业有机废弃物的转化过程中发挥着重要的作用，且目前黄粉虫已经实现了大规模工厂化生产方式，形成了完善的产业链结构。因此，利用黄粉虫处理餐厨垃圾具有一定前景。

利用经生物制剂（如EM菌）发酵的生活垃圾养殖黄粉虫，饲养效果良好[50]；在麦麸中添加50%的西瓜皮、香蕉皮等果皮饲喂黄粉虫[51]，幼虫生长良好。在黄粉虫饲料中添加15%～30%的豆渣喂黄粉虫，其生长速度和产量均得到了提高[52]。但仅用豆渣饲喂，会不利于幼虫的生长发育；若豆渣中加入鸡肝，其饲养效果与麦麸相当，且优于单一麦麸[53]。日常生活所产生的木屑、餐厨垃圾、废弃蔬菜、平菇菌糠均可用来养殖黄粉虫[54-56]。此外，有研究报道，用酒糟、中药渣、苹果渣、马铃薯渣等养殖黄粉虫，均获得了较好的效果[57-60]；杨金禄等[59]的报道中推荐饲养黄粉虫成本低、效益高且黄粉虫生长较快的饲料配方有黄酒糟，黄酒糟与麦麸搭配，碎米与麦麸搭配各50%，中药渣与麦麸搭配各50%，牛粪与麦麸搭配各50%。陈美玲等研究发现，黄粉虫在饲养温度26.7℃，餐厨垃圾饲料含水量14.5%，饲养密度4.1头/cm^2 的饲养条件下，利用率为 38.88%，对餐厨垃圾的处理具有较好的效果[49]。

综上所述，利用黄粉虫处理生活垃圾（主要是含有有机物的生活垃圾）技术上是可行的，值得进一步深入研究。但在实际操作中，生活垃圾需经分拣、去杂、发酵、防腐等过程才能用于黄粉虫的养殖。提高黄粉虫对生活垃圾的利用效率也是今后值得研究的重要内容之一。

4.5.4 黄粉虫处理畜禽粪便技术可行性分析

畜禽粪便的大量堆积和不合理排放，不但制约畜牧养殖业的可持续发展，还对周边地区造成严重的环境污染，滋生蚊蝇，传播疫病。畜禽粪便的无害化处理和资源化利用已成为当前社会急需解决的焦点问题。利用黄粉虫的腐食性取食行为处理粪便是否可行，还有待深入探索与研究。

经处理后的牛粪饲喂黄粉虫，3 d 的转化率达到 100%，虫体增长率为 10%[61]。采用经 EM 发酵的牛粪（牛粪含量 60%）饲养黄粉虫幼龄幼虫，幼虫表现出良好的适应性，显示了黄粉虫转化与利用牛粪的可行性，对牛粪的资源化利用具有较好的应用前景[62]。除了牛粪外，采用经 EM 发酵的鹌鹑粪便、鸡粪饲养黄粉虫，均获得良好的效果[63,64]。熊晓莉等人推荐用鸡粪饲料养殖黄粉虫较好的配方是发酵处理的鸡粪 37.78%、玉米秸秆粉 26.20%、玉米粉 36.02%。此外，陈建兴等进行了黄粉虫采食和分解驴粪的研究，认为驴粪可以作为黄粉虫的饲料，驴粪占饲料量的 30%时，黄粉虫对驴粪的分解处理能力最强[65]。

4.5.5 黄粉虫处理秸秆类技术可行性分析

随着饲料工业的崛起，玉米的需求量越来越大，焚烧过剩玉米秸秆导致环境污染问题突出，同时对民航、交通等部门造成严重影响。因此，过剩玉米秸秆的资源化利用问题引起广大科技工作者的关注。

吉志新等人（2011）报道了在黄粉虫的精饲料中添加 40%或 60%用酵母发酵或发酵的玉米秸秆，经济效益可提高 12%以上，且死亡率较低[66]；徐世才等（2013）发现[67]，经碱处理的发酵玉米秸秆饲喂黄粉虫是可行的；同年徐世才等研究了含有玉米秸秆的混合饲料和青菜叶对黄粉虫生长发育的影响，认为混合饲料中玉米秸秆、麦麸和玉米各占 1/3 时，黄粉虫各项生长发育指标均较理想，并且对秸秆的利用率较高[68]。吕树臣等研究了不同水平发酵玉米秸秆对黄粉虫幼虫生产性能的影响，认为发酵玉米秸秆的最佳添加水平为 40%[69]。骆伦伦等人比较了秸秆种类和处理方式对黄粉虫幼虫生长发育的影响，结果发现黄粉虫幼虫对玉米秸秆的平均取食量和虫粪量均显著高于其他秸秆；玉米秸秆不同发酵方式处理中，黄粉虫幼虫体重变化存在明显差异；秸秆种类对黄粉虫蛋白酶活性和海藻糖含量具有显著影响；不同秸秆对黄粉虫幼虫肠道微生物群落有显著影响[70]。李宁等（2014）发现将玉米秸秆发酵后单独饲喂黄粉虫是可行的[71]。

4.5.6　黄粉虫饲养管理

黄粉虫的一生需经历卵、幼虫、蛹、成虫4个发育阶段。

4.5.6.1　养殖场所选择

黄粉虫养殖场所要求不高。黄粉虫喜群居，性喜暗光，可选择背风向阳、冬暖夏凉的空房作为饲养室。室内通风透光，光线不宜太强。

4.5.6.2　饲养用具

(1) 养殖盘　可选用木质结构、硬质塑料结构或不锈钢结构长方体盒状养殖盘。

(2) 分离筛　由木质边框和不锈钢格栅网构成。根据黄粉虫养殖过程中的实际操作需要，分离筛有10～20目和40～60目两种，前者用于成虫采集和成虫产卵，后者用于筛除虫粪。

(3) 饲养架　为长方体状多层木架或铁架或不锈钢架，用于叠放养殖盘和分离筛。

4.5.6.3　卵的收集与孵化

成虫羽化后3～6 d开始进入繁殖高峰期。为了避免虫卵遭成虫取食，采用10目的分离筛将成虫与卵进行筛分。首先在养殖盘内铺一层饲料（麦麸），约1 cm厚，然后将分离筛置于养殖盘内。通常5～7 d换一次盘，每次换盘都要适当添加饲料。

养殖盘饲料中的卵在适宜条件即可自然孵化出幼虫。切勿翻动，防止损伤卵粒或正在孵化中的幼虫。黄粉虫卵的孵化期与温度、湿度有关，在气温25～32 ℃、湿度55%～75%的条件下，4～7 d可孵化出幼虫。天气比较干燥时，可适当添加覆盖新鲜的蔬菜或野菜，也可采取喷雾法喷洒少量水汽来增湿。

4.5.6.4　幼虫的饲养管理

(1) 温度、湿度　饲养期间，温度控制在20～32 ℃，湿度控制在65%～70%。黄粉虫幼虫期约为120 d，4～7 d蜕皮一次，温度、湿度过高或过低均不利于蜕皮。

(2) 饲料　可以是自配饲料，或以麦麸为主，辅以少量蔬菜或野菜。蔬菜和野菜不仅是黄粉虫的饵料，还可调节温湿度。

(3) 投料方式　每次投料前应用60目分离筛筛除虫粪，同时注意养殖盘的清洁，及时换盘，防止发霉。饲料投入以幼虫每次蜕皮时间来定，一般4～

7 d或以能被幼虫基本食尽为准。幼虫蜕皮 13～15 次后，老化幼虫会爬到饲料表层蛹化。

4.5.6.5 成虫采集

黄粉虫的蛹期约 8 d，随后开始羽化成成虫。刚羽化的成虫体色较浅，1～2 d 变成黑色，3～6 d 开始产卵。要对成虫加强营养，以确保产卵的数量和质量。

采集方式：分离筛筛分法。同一养殖盘的幼虫，化蛹、羽化的时间往往不同步，所以盘中幼虫、虫蛹、成虫和饵料同时存在。首先取一个空的养殖盘，用 10 目的分离筛套在养殖盘内，格栅网朝下。将养殖盘中的幼虫、虫蛹、成虫和饵料混合物全部倒入分离筛中，铺平后静置 1～5 min，成虫由于怕光基本会钻爬到底部黏附在网筛上。然后将黄粉虫分离筛倒置过来放在养殖盘中，静置 1～3 min，此时幼虫、蛹、饵料等会回落到养殖盘中，而大部分成虫依靠 3 对足爪黏附在分离筛的网筛上，轻拍几下分离筛，成虫便可落入产卵盘。重复两次上述步骤，混合物中的成虫基本能采集完毕（黄雅贞等，2014）。按此方法采集的成虫，操作简单，虫体不易损伤，可提高产量 30%。

4.5.7 黄粉虫经济效益

4.5.7.1 产出效益

以单价 30 元/kg 幼虫计，每人每年可生产黄粉虫幼虫 10 000 kg，产值为 30 万元。

4.5.7.2 生产成本

（1）种虫费 按种虫价格 30 元/kg，500 kg 计，为 1.5 万元。

（2）饲料费 麦麸按市场价格 1.6 元/kg 计算，为 10.4 万元；蔬菜或野菜计 0.2 万元。饲料费共为 10.6 万元。

（3）人工费 按 1 个工人，每月 3 000 元，12 个月计，人工费为 3.6 万元。

（4）其他费用 包括水电、药物等，为 0.5 万元。

4.5.7.3 利润

利润＝产出效益－生产成本＝14.4 万元，每千克黄粉虫幼虫的利润即 14.4 元。

4.5.8 大麦虫饲养管理

大麦虫，一生历经卵、幼虫、蛹、成虫 4 个阶段，从卵孵化到成虫羽化需要 3 个多月的时间。它与黄粉虫外形相像，为同属异种。它的幼虫长 70～80 mm，老熟幼虫虫体宽 5～6 mm，单条虫 1.3～1.5 g，含蛋白质 51%、脂肪 29%，并含有多种糖类、氨基酸、维生素、激素、酶及矿物质磷、铁、钾、钠、钙等；此外，它的体壁甲壳质含量较低，易于被动物消化系统吸收消化。大麦虫的老熟幼虫最大体长可达 7 cm，其营养价值更是远远超出同科目的其他昆虫。大麦虫成虫性成熟时体色变黑，雌性成虫体形比雄虫个体明显偏大，具有持续交配和产卵的能力。交配时，雄性个体爬于雌性个体上，产卵管和受精管伸出，接触完成交配。雌虫交配 2～3 d 后产卵，并可多次交配产卵。雌虫可连续产卵 600～1 000 粒，直到死亡。大麦虫自相残杀习性严重，成虫会捕食初产的卵以及初孵化、蜕皮的幼虫；幼虫则因饲料、环境温度、湿度不合适，自残率极高。

4.5.8.1 养殖场地

饲养场地为向阳通风、地面平坦光滑的房间，门窗装有防蚊、鸟、蛇的设施，冬天有加温装置。

4.5.8.2 设备

(1) 饲养架 木或铁架，高 1.6 m，宽 40 cm，共 8 层，每层高 20 cm，架长据房间而自行设定。

(2) 饲养盘 长 60 cm、宽 40 cm、高 9.5 cm 的塑料方盘，所述饲养盘包括 10～50 目的铁丝或尼龙丝网的网筛，用来清筛虫粪。

(3) 筛虫机 可放两层筛，作为自动清筛虫粪和分离同一盘虫中规格大小不同的虫。

(4) 半干式搅拌机 搅拌饲料用。

(5) 高速粉碎机

(6) 产卵筛

(7) 湿度调节器

4.5.8.3 生产养殖的基本步骤

(1) 种群的选育及培养

① 提纯：选用体型健壮饱满，行动活泼、迅捷，色泽鲜亮，黄褐色，粗细均匀的幼虫为育种源，用同种饲料饲喂，在育种室的恒温恒湿箱中，待蛹化、羽化成虫后，进行等数量按一定比例公母分组，选取产卵量高的孵化后幼虫，即较优种源进行增强饲料营养和定期间隔高温差的强化饲养，将抗逆性强的个体留下。

② 杂交：将提纯后的种源编组组合 5 组，进行 3 级杂交，每级杂交后只筛选增重率和繁殖率较高的优良种源继续高一级的组合交配。

③ 复壮：将杂交后获得种源，通过提高营养、均衡营养，如添加蜂王浆及卵磷脂等物质，得到优良、稳定遗传的种群。

(2) 商品虫的饲养 幼虫来源于复壮后的种群成虫卵孵化的小幼虫，其方法包括以下几种。

1）饲料：采用喂养人工配合饲料，每 5～7 d 清理虫粪后，喂养饲料1 次，每次喂养饲料按照大麦虫体重的 1∶（1.5～2）投入人工饲料。

人工饲料配比为：麦麸或秸秆粉 60%，豆渣 15%，玉米粉 18%，骨粉或鱼粉 5%，复合多维 1%，青饲料 1%。

2）幼虫饲养所用饲养设备

① 饲养架及饲养盘：虫的密度控制为 1.2～1.6 kg/盘。

② 饲养场地：为向阳通风、地面平坦光滑的房间，门窗装有防蚊、鸟、蛇的设施，同时房内温度控制为 18～35 ℃，湿度为 50%～90%。

③ 筛虫机：可放两层筛，作为自动清筛虫粪和分离同一盘虫中规格大小不同的虫。

幼虫饲养 90 d 达到商品幼虫规格，根据目的不同大部分用作商品幼虫，少部分用作留种继续蛹化培养。

3）蛹期管理　在蛹到羽化期，控制温度为 18～30 ℃，湿度为 60%～90%，每 3～5 d 对空气消毒。

4）成虫饲养　采用恒温恒湿，雌雄比例为 2∶1 左右，配合早晚交叉喂养两种人工饲料，即精料和青饲料。所述精料和青饲料的原料重量百分比为：精料为大豆粉 25%、玉米粉 25%、次粉 30%、鱼粉 18%、复合多维 1.5%、蜂王浆 0.5%。青饲料为瓜果、蔬菜类，切成小块、片或丝。

5）卵的收集与孵化　在产卵筛下的产卵盘内铺一层 0.5～1 cm 厚经消毒的细麦麸作产卵床，5～7 d 后，把产卵筛拿起，重新放到加有产卵床的新产卵盘内。在换出的产卵盘上撒一层薄薄的细麦麸，集中叠放在产卵房内孵化，温度控制在 18～32 ℃，湿度 60%～90%。

幼虫大部分作为商品用培养，而其小部分根据育种步骤提供的方法继续培养，作为留种用。据卵—幼虫—蛹—成虫—卵这一养殖流程进行下一批次养殖，这样可传代培养 8～12 代，每一批次养殖可提供大量的商品用大麦虫。1 kg种虫繁殖率为 1∶(40～60)，一个占地 200 m^2 养虫间月产 2 000 kg 商品幼虫。

参考文献

[1] 孟现成．蚯蚓规模化高效养殖技术［J］．中国畜牧兽医文摘，2018，34（6）：152.

[2] 郑百龙，郑慧芬，许标文．蚯蚓转化利用畜禽废弃物研究进展综述［J］．福建农业科技，2014（9）：66－68.

[3] 王玉洁，朱维琴，金俊，等．农业固体有机废弃物蚯蚓堆制处理及蚓粪应用研究进展［J］．湖北农业科学，2010，49（3）：722－725.

[4] Tripathi G，Bhardwaj P. Comparative studies on biomass production，life cycles and

composting efficiency of *Eisenia fetida* (Savigny) and *Lampito mauritii* (Kinberg) [J]. Bioresource Technology, 2004, 92 (3): 275-283.

[5] Aira M, Monroy F, Dominguez J. Changes in bacterial numbers and microbial activity of pig slurry during gut transit of epigeic and anecic earthworms [J]. Journal of Hazardous Materials, 2009, 162 (2-3): 1404-1407.

[6] 廖新俤，吴银宝，谢贺清，等．不同蚯蚓对猪粪、牛粪利用特性及生长繁殖比较[J]．福建畜牧兽医，1999 (4): 8-9.

[7] Reinecke A J, Venter J M. Moisture preferences, growth and reproduction of the compost worm Eisenia fetida (Oligochaeta) [J]. Biol. and Fertility of Soils, 1987, 3 (1): 135-141.

[8] Lynette H, Viljoen SA, Reinecke AJ. Moisture requirements in the life cycle of *Perionyx excavatus* (Oligochaeta) [J]. Soil Biology and Biochemistry, 1992, 24 (12): 1333-1340.

[9] Elvira C, Sampedro L, Benitez E et al. Vermicomposting of sludges from paper mill and dairy industries with Eisenia andrei: A pilot-scale study [J]. Bioresource Technology, 1998, 63 (3): 205-211.

[10] Gunadi B, Edwards CA. The effects of multiple applications of different organic wastes on the growth, fecundity and survival of *Eisenia fetida* (Savigny) (Lumbricidae) [J]. Pedobiologia, 2003, 47 (4): 321-329.

[11] Gupta R, Mutiyar P K, Rawat N K et al. Development of a water hyacinth based vermireactor usingan epigic earthworm Eisenia foetida [J]. Bioresurce Technoligy, 2007, 98 (13): 2605-2610.

[12] Fuqiang long, genxiang shen, hao tang et al. Preparation method of decomposed cow dung culture medium for breeding earthworm. CN101791068. [P]. 2010. 03. 09.

[13] Anna Koubová, Alica Václav Pižl, Miguel Angel Sánchez-Monedero, et al. The effects of earthworms Eisenia spp. on microbial community are habitat dependent [J]. European Journal of Soil Biology, 2015, 68: 42-55.

[14] 檀晓萌．无土养殖蚯蚓饲料、基料配方的筛选 [D]．保定：河北农业大学，2015.

[15] 廖威，唐思，钟梅清等．蚯蚓规模化高效养殖关键技术 [J]．南方农业，2017, 11 (12): 88-89.

[16] 仓龙，李辉信，胡锋，等．赤子爱胜蚯蚓处理畜禽粪的最适湿度和接种密度研究 [J]．农村生态环境，2002 (3): 38-42.

[17] 冯春燕，赵瑞廷，栾冬梅．牛粪好氧发酵程度对蚯蚓生长和繁殖性能的影响 [J]．黑龙江畜牧兽医，2012 (5): 71-73.

[18] 黄雅贞，金学东，曾庆祥，等．蚯蚓规模化高效养殖技术 [J]．江西水产科技，2015 (3): 35-36, 40.

[19] 李宗宇，颜志俊，赵海涛，等．工艺参数对蚯蚓生态滤池净化养殖污水的影响 [J]．南方农业学报，2017, 48 (3): 433-440.

[20] 雍毅，尹朝阳，侯江，等．规模化大田蚯蚓养殖污泥处理技术 [J]．中国科技成果，

2016，17（12）：44－46.

[21] 黄惠花，区德真，章家恩，等．应用蚯蚓粪及其配套技术规模化培植优质草莓[A]．农业生态学与我国农业可持续发展教学、科研与推广［C］．2005.

[22] Lalander CH，Fidjeland J，Diener S，et al. High waste－to－biomass conversion and efficient Salmonella spp. reduction using black soldier fly for waste recycling［J］．Agronomy for sustainable Development，2015，35：261－271.

[23] Wang H，Sangwan N，Li H Y，et al. The antibiotic resistione of swine manure is significantly altered by association with the Musca domestica larvae gut microbiome［J］．Isme Journal，2017a，11：100－111.

[24] Newton L，Sheppard C，Watson D W，et al. Using the black soldier fly，Hermetia illucens，as a value－added tool for the management of swine manure［J］．Animal and Poultry Waste Management Center，North Carolina State University，Raleigh，NC，2005，6：1－17.

[25] Webster CD，Rawles SD，Koch JF，et al. Bio－Ag－reutilization of distiller′s dried grains with solubles（DDGS）as a substrate for black soldire fly larvae，Hermetia illucens，along with poultry by－product meal and soybean meal，as total replacement of fish meal in diets for Nile tilapia，Oreochromis miloticus. Aquaculture Nutrition［J］．2016，22：976－988.

[26] Zheng LY，Hou YF，Li W，et al. Biodiesel production from rice straw and restaurant waste employing black soldier fly assisted by microbes［J］．Energy，2012，47：225－229.

[27] Popa R，Green TR. 2012. Using Black Soldier Fly Larvae for Processing Organic Leachates. Journal of Economic Entomology［J］．2012，105：374－378.

[28] Vogel H，Muller A，Heckel DG，et al. Nutritional immunology：Diversification and diet－dependent expression of antimicrobial peptides in the black soldier fly &IT Hermetia illucens&IT［J］．Developmental and comparatine immunology，2018，78：141－148.

[29] Sheppard C. Housefly and lesser fly control utilizing the black soldier fly in manure management－systems for caged laying hens［J］．Environmental Entomology［J］．1983，12：1439－1442.

[30] Li ZG，Tan L H，Lai JX，et al. Application prospects of the tropical agricultural waste biotransformation using black soldier fly［J］．Journal of Tropical Organisms，2011，2（3）：287－290.

[31] Rehman KU，Rehman A，Cai M et al. Conversion of mixtures of dairy manure and soybean curd residue by black soldier fly larvae（*Hermetia illucens* L.）［J］．Journal of Cleaner Production，2017，154：366－373.

[32] 杨树义，李卫娟，刘春雪，等．发酵猪粪对黑水虻转化率的影响及黑水虻幼虫和虫沙营养成分测定［J］．安徽农业科学，2016，44（21）：69－73.

[33] 陈海洪，张磊，张国生，等．黑水虻处理新鲜猪粪效果初探［J］．江西畜牧兽医杂志，2018（4）：25－28.
[34] 余峰，夏宗群，管业坤，等．黑水虻处理鸭粪效果初探［J］．江西畜牧兽医杂志，2018（2）：15－17.
[35] 安新城．黑水虻生物处置餐厨废弃物的技术可行性分析［J］．环境与可持续发展，2016（3）：92－93.
[36] 柴志强，朱彦光．黑水虻在餐厨垃圾处理中的应用［J］．科技展望，2016，26（22）：321.
[37] 代发文，葛远凯，梁伟才，等．黑水虻处理餐厨垃圾浆料的生产性能及其幼虫生长发育规律研究［J］．养猪，2017（6）：72－75.
[38] 吴有松，周秀丽，桂永清，等．畜禽粪便饲养家蝇的技术分析及应用探讨［J］．湖北畜牧兽医，2016，11（37）：35－36.
[39] 谢兵，吕跃军，颜敏．蟑螂的价值与利用研究［J］．时珍国医国药，2018，29（7）：1687－1689.
[40] 陈梦林．蟑螂养殖技术［J］．农村新技术，2002（10）：20－22.
[41] Finke MD. Complete Nutrient Composition of Commercially Raised Invertebrates Used as Food for Insectivores［J］. Zoo Biology，2002（21）：269－285.
[42] 李东，亓珊，陈婕，等．黄粉虫营养成分分析及黄粉虫应用开发可行性研究［C］．北京食品学会成立二十周年论文集，1999：114－116.
[43] 赵大军．黄粉虫的营养成分及食用价值［J］．粮油食品科技，2000，8（2）：41－42.
[44] 代春华，马海乐，沈晓昆，等．黄粉虫幼虫及蛹中营养成分分析［J］．食品工业科技，2009，30（4）：315－317.
[45] 林森，赵志辉，雷萍．氨基酸分析仪测定鱼粉中的氨基酸［J］．饲料工业，2010，31（22）：51－53.
[46] 容庭，刘志昌，宋浩铭，等．大麦虫幼虫粉营养成分及其储藏特性分析［J］．中国畜牧兽医，2015，42（4）：915－922.
[47] 王艳萍，王鑫璇，张殿伟，等．利用发酵废弃物制备大麦虫饲养饵料的研究［J］．中国食品添加剂，2012（第A1期）：168－172.
[48] 谢娜，张平，赖腾强，等．食用菌菇渣饲养大麦虫配方研究［J］．海峡科学，2013（2）：10－11.
[49] 陈美玲，凌源智，黄儒强，等．响应面法优化黄粉虫幼虫处理餐厨垃圾饲养条件的研究［J］．环境工程学报，2015，5（9）：2456－2460.
[50] 巴兆功．利用生活垃圾生产黄粉虫饲料的方法［P］．中国，发明专利，201310596091.5. 2013－11－21.
[51] 卓少明，刘聪．几种废弃物作添加料养殖黄粉虫的试验［J］．中国资源综合利用，2009，27（9）：17－19.
[52] 杨文乐，徐敬明．不同饲料配方对黄粉虫幼虫生长发育的影响研究［J］．黑龙江畜牧兽医，2013（11）：92－94.

[53] 夏淑春，王学武，孙丽娟，等．几种饲料对黄粉冲幼虫生长发育的影响［J］．湖北农业科学，2013，52（17）：4117-4118，4122.
[54] 王世准．一种黄粉虫的发酵饲料制作方法［P］．中国，发明专利，201410225633.2.2014-05-24.
[55] 徐晓燕，刘玉升，王小波．一种利用黄粉虫转化处理废弃蔬菜的方法［P］．中国，发明专利，201410190210.1.2014-5-17.
[56] 周本留，许德远，徐向全，等．利用黄粉虫处理餐厨废弃物预处理物的方法［P］．中国，发明专利，201310050356.1.2013-02-09.
[57] 张丽．黄粉虫肠道细菌及饲料成分选择的研究［D］．泰安：山东农业大学，2007.
[58] 张仕，钟辉．利用酒糟高效养殖黄粉虫［J］．当代畜禽养殖业，2010（11）：44.
[59] 杨金禄，沈晓昆，姜哲，等．黄粉虫对有机废弃物的利用与转化［J］．养殖与饲料，2010（12）：59-61.
[60] 马彦彪，王汝富，王海．黄粉虫饲料配方筛选［J］．甘肃农业，2012，335（5）：92-94.
[61] 宋志刚，朱立贤，袁磊，等．利用饲喂黄粉虫进行牛粪无害化处理的研究［J］．畜禽业，2008（8）：42-43.
[62] 曾祥伟，王霞，郭立月，等．发酵牛粪对黄粉虫幼虫生长发育的影响［J］．应用生态学报，2012，23（7）：1945-1951.
[63] 孙国峰，戎安江，向钊．发酵鹌鹑粪便饲养黄粉虫的研究［J］．畜禽业，2010（2）：40-42.
[64] 熊晓，邵承斌，李宁，等．黄粉虫处理鸡粪［J］．环境工程学报，2013，7（11）：4564-4568.
[65] 陈建兴，萨如拉，李静，等．驴粪作为黄粉虫饲料的研究［J］．赤峰学院学报，2017，33（9）：9-11.
[66] 吉志新，温晓蕾，余金咏，等．喂食玉米秸秆对黄粉虫经济指标的影响［J］．安徽农业科学，2011，39（33）：20520-20522.
[67] 徐世才，唐婷，闫宏，等．黄粉虫在不同饲料比例下的泡沫降解率研究［J］．环境昆虫学报，2013，35（1）：90-94.
[68] 徐世才，刘小伟，王强，等．玉米秸秆发酵制取黄粉虫饲料的研究［J］．西北农业学报，2013，22（1）：194-199.
[69] 吕树臣，王春清，马铭龙，等．发酵玉米秸秆对黄粉虫幼虫生产性能的影响［J］．畜牧与兽医，2013，45（5）：42-44.
[70] 骆伦伦．秸秆对黄粉虫生长发育、消化酶和肠道微生物的影响［D］．杭州：浙江农林大学，2017.
[71] 李宁，李涛，邵承斌，等．一种用玉米秸秆制备黄粉虫幼虫饲料的方法［P］．中国，发明专利，201410015839.2.2014-04-16.

5 农业废弃物微生物发酵作为生物有机肥的技术

自古我国就有“多粪肥田”之说，清代《知本提纲》指出，“地虽瘠薄，常加粪沃，皆可化为良田”，“产频气衰，生物之性不遂；粪沃肥滋，大地之力常新”。南宋时，先民就认识到粪尿可以增加农田的肥力，使农作物增产，这是我国古代先民将粪尿作为有机肥料还田利用的朴素智慧。然而，这种简单的就地取材、就地积制的利用方式存在一定弊端，其中粪便中含有大量病原体、重金属以及其他难以分解的成分，会对农田及水源造成污染。因而在此基础上，需要研究和发展更加科学、环保的农业废弃物资源化利用的处理方式。本章内容主要介绍了利用农业废弃物生产制作生物有机肥的相关情况。

5.1 有机肥和生物有机肥的概念

5.1.1 有机肥

有机肥是农村生产中就地取材、就地积制的自然有机物肥料的总称，其原料来源复杂，包括一系列生产与生活过程中产生的各种生物质废弃物。广义的有机肥，是指生物质废弃物在多种生物的共同作用下，将有机质分解成可被植物直接利用的氮、磷、钾等元素，增加土壤肥力的一类物质。

5.1.2 生物有机肥

生物有机肥是指有机废弃物（如粪便、农作物秸秆、饼粕、农产品加工废弃物等）与特定微生物群通过发酵、腐熟、除臭等无害化处理后继承和发展了微生物肥料和有机肥效应的新型复合肥料[3]。生物有机肥既不是传统的有机肥，也不是单纯的菌肥，而是二者有机结合的多源、多相、多组分、多功能，富含微生物、有机酸、肽类，以及氮、磷、钾等营养物质的复合人工生态产物，既具有菌肥的特点，又兼具传统有机肥的肥效，是一种安全、高效、环保、绿色的新型高端有机肥料产品[4]。

5.2 生物有机肥的基质来源与种类

在我国数千年的农耕文化中，有机肥基质的来源主要是种植业、畜牧业、林业、加工业等产生的生物质废弃物，种类丰富，数量庞大，分布广泛。20世纪末，全国农业技术推广服务中心根据国内有机肥料资源调查及当时农业生产使用有机废弃物情况，将有机肥料来源分为基本资源、派生资源和可利用资源；其中，派生资源和可利用资源主要由基础资源衍生而来[5-6]。据牛新胜[6]等人统计，2010年我国有机肥料基础资源每年约57亿t实物量，包括约38亿t畜禽粪尿（鲜）、8亿t人粪尿（鲜）、10亿t秸秆（干）、1亿t鲜绿肥和0.2亿t风干饼肥。

5.2.1 基础资源

5.2.1.1 粪尿类

粪尿类是最主要的有机肥来源，量大、分布范围广泛，包括人粪尿、畜禽粪尿、蚕沙等，富含有机质和作物所需的各种营养元素，是优质的完全肥料（人粪尿和家畜粪尿）和高浓度天然复合肥（禽粪）[7]。

5.2.1.2 秸秆类

秸秆类中的水稻秸秆资源最为丰富，集中在长江以南地区，两季稻地区晚稻、再生稻的秸秆大都直接还田利用；北方主要有玉米秸秆和小麦秸秆，还有一些油菜、高粱等作物秸秆资源。

5.2.1.3 绿肥类

绿肥类包括紫云英、黄花苜蓿、紫花苕子、蚕豆青、草豌豆、肥田萝卜、黑麦菜等冬绿肥；豆科绿肥、田菁等春夏绿肥；沙打旺、苜蓿等多年生绿肥；水花生、水浮莲、绿萍等水生绿肥。

5.2.1.4 饼粕类

饼粕类包括大豆饼、油菜籽饼、花生饼、芝麻饼、棉籽饼、向日葵饼、茶籽饼等资源。

5.2.2 派生资源

派生资源主要包括利用各种作物秸秆、绿肥、粪尿等基础有机资源堆沤制成的堆沤肥类，以及沼渣、沼液等沼气肥类等。

5.2.3 可利用资源

可利用资源包括土杂肥（泥肥、肥土等）、海肥（沿海生物质资源）、腐殖酸类（泥炭、风化煤等）、农用城镇废弃物（工业“三废”、城镇生活废弃物）等。

5.3 生物有机肥微生物菌种

微生物菌种是生物有机肥产品的核心，其菌种与微生物菌肥不同，生物有机肥生产上添加的非病原性微生物菌剂必须具备促进有机废料发酵、分解、腐熟及除臭的性能，如纤维素分解菌、半纤维素分解菌、木质素分解菌、高温发酵菌等。一些功能性微生物菌剂还可产生某些植物激素或具有固氮、解磷、解钾或抑制植物根际病原微生物能力，发挥特定的肥料效应[3,8]。利用具有特定功能的微生物菌种特性，根据生物有机肥基质的特点，人工配比添加这些高效的微生物菌剂，可以把握整体发酵周期，使得堆肥工艺更高效、产品更优质。

生物有机肥生产用菌种应严格执行《微生物肥料生物安全通用技术准则》（NY/T 1109—2017）标准[9]。该标准完善了生物肥料生产菌种分级管理目录，明确了生产禁用的25个菌种清单[11]。

目前为止，在农业农村部微生物肥料和食用菌菌种质量监督检验测试中心登记的生物有机肥料产品约有1 800种，有效活菌数在0.2亿～15亿个/g之间不等，有机质含量大多≥40%，少数≥65%[9]。产品中有效菌种主要是细菌、真菌和放线菌，包括枯草芽孢杆菌、巨大芽孢杆菌、地衣芽孢杆菌、解淀粉芽孢杆菌、胶冻样类芽孢杆菌、类芽孢杆菌、细黄链霉菌、热带假丝酵母、嗜热性侧孢霉、康宁木霉、酿酒酵母、干酪乳杆菌、粉状毕赤酵母、多粘类芽孢杆菌、侧孢短芽孢杆菌、真菌伯克霍尔德氏菌、嗜热脂肪地芽孢杆菌、沟诺卡氏菌、白色链霉菌、天青链霉菌、植物乳杆菌、膜醭毕赤酵母、淡紫灰链霉、施氏假单胞菌、短芽孢杆菌、白地霉、甘蔗兰希氏菌、成团泛菌、短小芽孢杆菌、嗜酸乳杆菌、产朊假丝酵母、宁佐美曲霉、米曲霉、恶臭假单胞杆菌、东方伊萨酵母、固氮类芽孢杆菌、光孢青霉、瑞士乳杆菌、酒红土褐链霉菌、弗氏链霉菌、绿色木霉、灰螺链霉菌、不吸水链霉菌、淡紫拟青霉、黑曲霉、杰丁毕赤酵母、戊糖片球菌、类干酪乳杆菌、青霉、甲基营养型芽孢杆菌、娄彻氏链霉菌、硅链霉菌、拜赖青霉、鼠李糖乳杆菌、苏云金芽孢杆菌、泾阳链霉菌、桔青霉、委内瑞拉链霉菌、深绿木霉、哈茨木霉、淡紫紫孢菌、长枝木霉、平山正青霉、金龟子绿僵菌、里氏木霉、苜蓿根瘤菌、贵州木霉、密旋链霉菌等。其中，使用最多的5种菌种为枯草芽孢杆菌、胶冻样类芽孢杆菌、解淀粉芽孢杆菌、地衣芽孢杆菌和巨大芽孢杆菌[10]。

5.4 生物有机肥生产工艺

生物有机肥的生产工艺直接影响产品有效活菌数（关键指标之一），因此合适的生产工艺对提高产品质量、降低成本、缩短生产流程、提高经济效益至关重要。目前，生物有机肥生产工艺流程可分为堆肥发酵工艺（通常为好氧发酵）和有机肥制肥两个部分（图 5-1）。此外，还可以将好氧发酵好的有机废弃物加入合适的菌种后再次进行厌氧发酵，产生能源化的沼气，同时沼液和沼渣也可以作为生物有机肥的原料生产沼肥（图 5-2）。

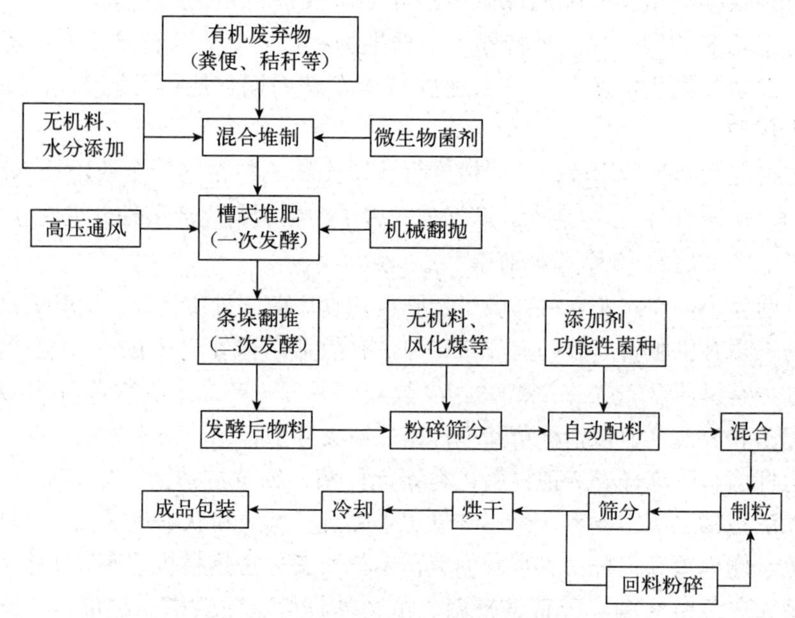

图 5-1　生物有机肥工艺流程图[12,13]

5.4.1 好氧堆肥发酵工艺

好氧堆肥是在有氧的条件下，微生物（主要是嗜热菌群）通过自身的代谢活动促进有机废弃物分解、转化，实现腐熟的过程，最终产物主要是 CO_2、H_2O、腐殖质等[14]。此外，好氧堆肥温度高，能灭活病原体、虫卵、杂草种子等，可达到有机原料无害化的目的，是一种安全、有效、经济的发酵工艺[15]。

根据有机废弃物原料、水分等情况，现代好氧堆肥最常用的工艺为槽式翻堆工艺或条垛翻堆工艺，也可以将两者结合起来，先完成槽式堆肥（一次发

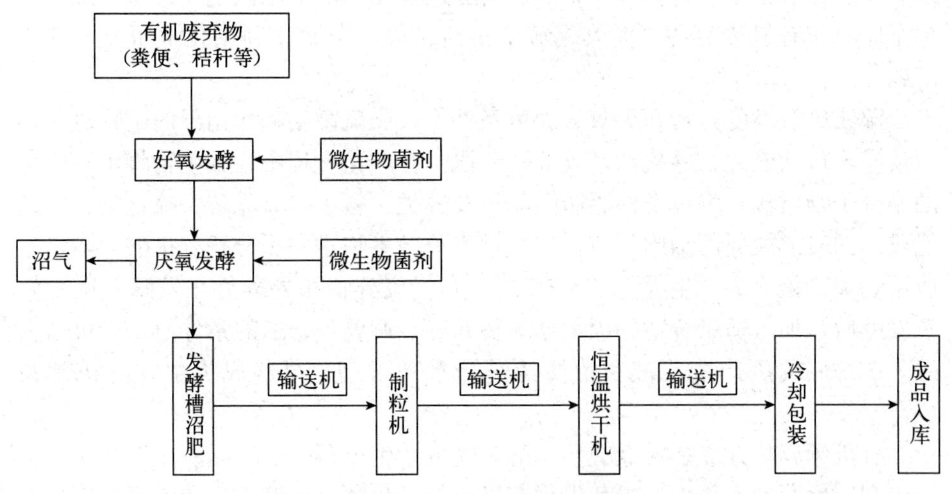

图 5-2 沼肥生产工艺流程图模式图[16]

酵)，再进行条垛翻堆（二次发酵），两次发酵可进一步降低水分，增加堆肥效率，提高肥料品质。其他诸如通风静态垛堆肥、发酵槽（池）式堆肥、筒仓室堆肥等也有一定的应用。

5.4.1.1 槽式堆肥发酵

（1）工艺原理 将有机废弃物原料进行预处理，并与其他辅料混合调质，调节合理的碳氮比例和孔隙度，将混合物料堆放在发酵槽内进行好氧发酵，发酵过程要通风充氧曝气，一般堆置 20～30 d 即可达到腐熟、无害化的要求。

（2）工艺特点 ①发酵原料和辅料合理配比，预处理后优化了碳氮比、孔隙度、水分等发酵条件；②在发酵槽内发酵，温度可控，不易受外界影响；③定期翻堆和可控通风双重作业，有利于均衡发酵物料的温度和水分蒸发。

5.4.1.2 条垛翻堆发酵

（1）工艺原理 将有机混合物料或者前期槽式堆肥物料（一次发酵）按照合理的高度和宽度对齐成三角形或梯形的条垛，条垛均匀平行地排列在堆肥场上，采用条垛翻堆机连续翻堆作业。

（2）工艺特点 ①机动性强，有利于堆肥后期水分蒸发；②发酵成本低，但堆肥场地面积要大；③室外堆肥易受天气和季节性影响，需因地制宜。

5.4.2 厌氧发酵工艺

厌氧发酵可分为干法发酵和湿法发酵两种工艺。其中，干法厌氧发酵技术由于反应器容积小、容积产气率高、发酵过程无沼液消纳问题，近年来逐渐成为全球固体有机废弃物（尤其是城市生活垃圾）资源化利用技术研究的热点问题。

湿法厌氧发酵是指在无氧或缺氧条件下，厌氧微生物作用下的生物氧化还原反应，包括液化、酸化和产气3个阶段。在酸化过程中，微生物将水解产生的小分子物质转化为挥发性脂肪酸，以及醇类、氨、二氧化碳、硫化物、氢和能量，同时形成新的细胞物质；产气过程是微生物进一步分解有机酸和醇，生成甲烷和二氧化碳产生大量的沼气[15]。有机废弃物预处理后在发酵系统中好氧发酵后，加入适量合适的厌氧微生物菌种，调整到合适的条件再进行厌氧发酵，发酵后的副产物沼液和沼渣经过一系列处理，最终成为生物有机肥料成品[16]。

有机废弃物好氧、厌氧交替发酵，既可产生可再生的高品质能源，又可进一步利用发酵副产物生产绿色生物有机肥料，是解决环境污染和资源匮乏的有效利用途径。

5.4.3 生物有机肥制肥工艺

制肥工艺指堆肥之后包括粉碎、配料、混合、制粒、烘干、冷却、筛分、包装等环节。

工艺流程：将发酵后的有机物料进行粉碎（粉碎机），添加适当的物料和辅料进行配料（电子配料秤），连续混合搅拌（搅拌机），混合后的物料进入制粒环节（圆盘造粒或者挤压造粒）。可将造粒后的颗粒进行筛分，不合规格的颗粒重新制粒，合适大小的物料进入适宜温度的烘干机烘干，最后将烘干后的颗粒冷却降温（冷却器），打包装袋。

造粒是生物有机肥制肥工艺的关键环节。目前市场上主要有粉状和颗粒状两种生物有机肥，较颗粒状生物有机肥而言，粉状产品工艺简单、成本低但普遍不受用户欢迎[17]。工艺特点：模块化布局，自动化控制，连续作业，可根据需要生产粉状或颗粒状生物有机肥。生物有机肥成品的有机质、有效活菌数、水分和pH等参数需符合《生物有机肥国家标准》（NY 884—2012）。

5.5 生物有机肥施用效果及应用价值

生物有机肥既具有普通有机肥的肥效，富含有机质及无机氮、磷、钾等成分，又有大量的有益活性微生物菌群，环境适应性强，能有效改善长期施用化肥引起的肥料利用率低、养分单一、土壤肥力下降、农作物品质降低、环境污染等问题（表5-1）[18-19]。

表 5-1 不同基质的生物有机肥施用效果

基质	其他原料	微生物菌种	养分含量	应用	施用效果
油茶壳	豆饼，木薯渣（工业酒精发酵后残留物）		有机质 52.3%、纯 N 1.23%、P_2O_5 3.65%、K_2O 2.36%，pH 5.9	田间紫薯种植[20]	显著增加土壤有机质含量、缓解土壤酸化程度
玉米秸秆	牛粪	拟茎点霉 B3 和枯草芽孢杆菌（*Bacillus subtilis*）（堆体质量的 0.2%）	有机质 53%、总 N 1.93%、P_2O_5 1.49%、K_2O 1.80%，pH 7.3	小白菜田间种植[21]	显著促进小白菜的生长，提升其品质，可溶性糖和维生素 C 含量较高
糖蜜液	油渣，糠粉，蘑菇渣	海洋芽孢杆菌（0.1%）	糖类 25%；蛋白 15%；纤维素 24.6%；木质素 10%	小白菜盆栽试验[22]	改良土壤板结、增加土壤孔隙度，调节 pH 方面效果较为显著
核桃青皮渣	食用菌菌渣，草木灰	40% 绿色木霉、10% 淡紫拟青霉、20% 枯草芽孢杆菌、10% 米曲霉、10% 黑曲霉和 10% 酵母菌	有机质含量＞64%、总（$N+P_2O_5+K_2O$）含量＞5%	贵妃玫瑰葡萄田间秋施基肥试验[23]	含有较高的钾素（≥3%），提高了肥料的稳定性，增强土壤酶活性，有效改善土壤质量，有利于耕作及作物根系的生长发育，延长肥效期，提高产量，改善品质
金银花残固体渣[24]	氧化钙		有机质平均含量为 45.62%，氮、磷、钾平均含量为 0.60%、1.60%、2.85%，总含量≥5%，pH 为 7.84		
奶牛粪	无	一次发酵：枯草芽孢杆菌、假单胞菌、白腐病病原菌、酿酒酵母比为 1∶1∶2∶2（固体菌剂接种量 1%）；二次发酵：荧光假单胞菌、环状芽孢杆菌、褐色球形自生固氮菌比为 1∶1∶1（菌剂接种量 1%）	符合国家生物有机肥标准	杂交构树种植[25]	地温平均提高 5～8℃，增加土壤中微生物数量，土壤保水效果显著，树苗根系发育良好，所栽杂交构树生长态势良好

（续）

基质	其他原料	微生物菌种	养分含量	应用	施用效果
新鲜鸡粪	统糠		N、P_2O_5、K_2O含量分别为1.48%、2.67%和1.87%，有机质含量为27%	桂桑优62号桑树品种种植[26]	增加桑园土壤微生物数量，改善桑园土壤理化性状，促进桑树生长，增加桑叶产量，提高桑叶品质
新鲜猪粪	4 mm粒径稻壳粉	每1 000 kg新鲜猪粪用500 g粪便发酵剂		水稻育秧[27]	秧苗根面积、根体积、总盘结力显著提高
猪粪	棉籽粕等	复合菌剂（真菌、细菌、酵母菌等）			有效提升肥力持续的时间[28]
	无	复合微生物菌剂	有机质含量为36.5%	田间春茶试验[29]	增加土壤有效氮和有效磷的含量，对有效钾含量的提高也有一定作用；更好地促进茶树春梢的生长，增大茶叶的芽头密度和百芽重，增加春茶叶面积，提高春茶产量

5.5.1 改善土壤理化性质，提高土壤肥力

土壤中有机质直接影响着土壤的保肥性、保水性、缓冲性和通气状况等，是土壤肥力的物质基础，其含量是评价土壤肥力的重要指标。近年来，农业用地土壤生态不断恶化，随着栽种年限的增加以及长期施用化肥、农药等，土壤中有机质大量流失、肥力持续下降，甚至出现了板结、酸化、次生盐渍化、磷素富集、养分不平衡、连作障碍等一系列问题。生物有机肥在修复土壤生态平衡、改善土壤理化性质、恢复土壤肥力方面具有不可忽视的重要作用[30]。

长期施用生物有机肥不仅能提供植物生长所需的营养成分，还能持续增加土壤中有机质及微生物含量，显著提高土壤全氮、碱解氮的含量，有效改善土壤板结、肥力衰退、养分不平衡等问题[31]。Rizwan等[32]的研究表明，混合施用生物有机肥和化肥能提高种植玉米土壤的保水性、稳定性，增加玉米对营养成分的吸收等。增施生物有机肥和土壤改良剂可有效降低设施蔬菜土壤盐分，有效促进作物生长，提高作物产量[33]。

5.5.2 促进作物生长，提升作物产量和品质

生物有机肥将微生物、有机质、无机质充分结合起来，形成了一个多元化、多功能的绿色复合肥料系统。经过发酵腐熟的生物有机肥富含吲哚乙酸、赤霉素、多种维生素以及氨基酸、核酸、生长素、尿囊素等生理活性物质；还含有各种无机养分、中量元素（Ca、Mg、S 等）、微量元素（Fe、Mn、Cu、Zn 等）以及其他对植物生长有益的元素[8]。施用后，生物有机肥中的营养物质缓慢释放到土壤中，通过根基传递给作物，既可促进作物生长，增加干物质积累，提高作物产量，还可以提升作物品质，增强农作物的抗逆性，改善农产品的安全性能[3]。

韩锦峰等[34]的研究表明，施用生物有机肥可以促进烟草的生长发育，增强烟株代谢，增加烟叶香气以及钾的含量，还可以提高烟叶的产量和上等烟的比例。生物有机肥还可以显著促进生姜植株生长，改善生姜品质，增加根茎干物质和挥发油等的含量，同时减少硝酸盐的含量[35]。连续施用含解淀粉芽孢杆菌的生物有机肥能显著增加黄瓜植株株高、茎粗、叶绿素含量；黄瓜的产量以及果实中维生素 C、可溶性糖、可溶性蛋白的含量也明显高于施用无机化肥的处理组[36]。与施用磷酸二铵相比，施用生物有机肥的大豆茎粗、根数、根长和根瘤数等生育性状和物候期都表现较好，且表现出提早成熟的现象[37]。此外，生物有机肥对盐碱地春玉米的品质及产量也有积极作用，能显著提高玉米的抗盐碱能力，改善土壤含水量，进而提高玉米产量[38]。

5.5.3 改善土壤微生态系统，减少植物病虫害发生

生物有机肥大多含有酵母菌、乳酸菌、纤维素分解菌等有益微生物，一些生物有机肥还可能添加了固氮菌、硅酸盐细菌、溶磷微生物等具有特定功能的菌群，这些微生物不仅产生了大量活性代谢产物，还具有固氮、溶磷、解钾等作用。胡可[39]等的研究表明，与化肥和普通有机肥相比，施用生物有机肥可显著提高土壤中 3 大菌群——细菌、真菌和放线菌的数量，同时提高土壤微生物活性和利用碳底物的能力，改善土壤微生物结构，提升土壤酶活性、抑制病原菌活性，实现土壤微生物生态平衡，是生态防病的有效调控途径。

生物有机肥不仅具有改善土壤生态环境及土壤微生物菌群结构的作用，在减少作物病虫害发生方面也发挥着极其重要的作用。生物有机肥中含有多种非病原微生物菌群，在其生长繁殖过程中，能分泌多种抗生素、杀虫物质及植物生长激素，还能竞争性抑制植物病原微生物的活动，起到防治植物病害的作用；与此同时，这些有益微生物种群以及它们的代谢产物还能刺激作物生长，使其根系发达，促进叶绿素、蛋白质和核酸的合成，提高作物的抗逆性[3]。

Gomaa 等[40]对马铃薯施用有机肥和液体酵母培养物，显著降低了白蝇和蓟马的侵染率，增加了马铃薯的产量。丁文娟等[41]的研究表明，在香蕉营养生长期施用生物有机肥有利于改善土壤微生物，并且能不同程度提高土壤过氧化氢酶、蔗糖酶、酸性磷酸酶、脲酶的活性，减少和延缓香蕉枯萎病的发生，提高香蕉产量。施用特定功能的生物有机肥还能缓解、改善冬瓜枯萎病[42]、苦瓜枯萎病[43]、烟草病害[44]、樱桃流胶病[45]、甜瓜根结线虫病[46]、马铃薯黑痣病[47]、大豆红冠腐病[48]、药材连作病害[49]等植物土传病害。

5.5.4 提高无机肥的利用率

单纯施用氮肥等无机肥，由于挥发、反硝化、淋失、径流等因素，氮肥的利用率不足 50%，而无机磷容易与土壤中的元素形成不溶性化合物，浪费的同时还造成了地表和地下水的污染。生物有机肥和化肥联合施用可大大提高肥料的利用率，有机酸可与 Ca、Mg、Fe 等金属元素形成稳定的络合物，减少无机磷的固定，提高氮磷等的利用率。

5.6 生物有机肥在生产应用中的限制因素

近年来，随着国家环保政策以及绿色循环农业理念的推进，生物有机肥得到了快速发展。然而，由于其生产工艺技术含量高、生产和施用成本高、市场上产品质量参差不齐等原因，生物有机肥在推广和实际应用中受到了一定程度的限制，需要加大相关研发投入，制定产品标准与监管制度、加强政策引导力度等。

5.6.1 原料安全性限制

生物有机肥原料来源广泛，其中畜禽粪尿是生产生物有机肥的重要资源。然而随着我国畜禽养殖区域化、规模化发展，饲料中采用高铜、高锌等重金属添加剂，导致畜禽粪便中重金属含量不断增加，因此如何有效降低原料中重金属含量是生产生物有机肥必须面对和解决的难题[50]。

5.6.2 生产工艺水平限制

5.6.2.1 生物有机肥原料保存和积制

生物有机肥原料主要是人、畜禽粪尿和秸秆类等有机废弃物，其中粪尿含氮量很高，被称为“细肥”，但若保存和积制不当（温度高、存放久、暴露面积大等），容易造成氮素大量损失，导致生产的生物有机肥料肥力不足。

5.6.2.2 微生物菌种质量

生物有机肥的核心是微生物菌种，菌种本身和肥料中有益微生物的活菌数及其活性状态在很大程度上决定了肥料的质量。目前，大多数常用的微生物菌株不耐高温，适宜的生长温度范围为 20～40 ℃，当温度达到 60 ℃以上时，80％微生物都会死亡，温度越高，微生物死亡速度越快。然而，原料发酵腐熟过程中温度不够、发酵不完全会导致有机肥料中存在没有灭活的致病菌、寄生虫卵和杂草种子等，严重影响生物有机肥效果和质量，施用不当可能会造成植物土传病的广泛传播等。此外，筛选到新的菌种后，由于长期使用及保藏方法不当等，容易造成菌种退化或老化，直接影响菌种质量，对生产造成严重不良后果[51]。

5.6.2.3 缺乏行业标准

生物有机肥缺乏机械化、标准化的生产和质量检验体系，产品质量分级不明确，市场监管存在漏洞。部分生产生物有机肥的企业和厂家生产设备简陋，技术工艺落后、操作粗放，导致产品中有效活菌数量不稳定，活性差、杂菌基数高、保质期短等一系列质量问题。

5.6.3 生产和施用的成本限制

生物有机肥的原料来源广泛、复杂，因此保存和运输成本高；生产工艺设备要求高，微生物菌剂成本高等，造成生物有机肥的生产成本普遍较高，是高投入高产出的产品。同时，生物有机肥具有缓释效果，长期施用效果好，但其养分浓度较无机肥低，田间施用时当季利用率较低，首次施用量大，成本高，因此推广难度较大。此外，生物有机肥中添加的微生物菌剂的活性与繁殖速度与外界水汽环境密切相关，施用效果易受天气影响。

5.7 展望

近年来，随着公众环保意识增强、农产品消费升级，推广和使用生物有机肥料，对促进绿色循环农业发展，从源头上促进农产品安全、清洁生产，保护生态环境具有重要意义，符合“加快建设资源节约型、环境友好型社会”的要求[4]。从整个农业产业及肥料市场发展的大环境来看，生物有机肥是农用肥料发展的大方向，但目前由于从产品生产到田间施用等环节上还存在很多问题，因此生物有机肥尚处于市场推广阶段。今后的研究重点应集中在提高产品质量，降低生产和施用成本方面。

其一，合理布局，因地制宜。为降低原料保存和运输的成本，生产生物有机肥的企业和厂家应该布局在有机废弃物原料丰富、种植业发达的地区，就近生产，就近销售施用，形成健康可持续的产业体系。

其二，重视原料重金属残留问题，避免土壤二次污染。在规模化、集约化养殖的大环境下，饲料中普遍添加锌、铜等微量元素用以预防畜禽疾病、促进畜禽生长，然而微量元素利用率偏低，大部分会随动物粪便排出。与此同时，畜禽粪便因为含有丰富的氮、磷等营养元素，产量大等，是有机肥料重要的原料，因此畜禽粪便等原料中重金属污染是有机肥生产中必须面对和解决的重要问题。目前，针对有机肥中存在的重金属污染问题，主要通过在制备过程中加入重金属钝化剂（物理钝化剂、化学钝化剂、生物钝化剂等），吸附、络合或微生物富集等作用，降低肥料中重金属浓度或毒性。在此基础之上，需要进一步寻找更为安全、廉价的重金属钝化剂用于生产。

其三，增加设备投入，优化生产工艺。采用先进的生产设备，优化生产工艺，做好各种物料的配比，确定发酵过程的工艺参数，减少制粒过程中对微生物的影响，使整个生产过程可控、最终产品质量可控，达到机械化、标准化的生产体系。

其四，重视优良微生物菌种筛选和保存工作。微生物菌种是生物有机肥的核心，做好菌剂的筛选、保存和利用工作对于生产生物有机肥至关重要。发酵过程使用的腐熟菌剂，应该具有加快物料分解、腐熟、除臭等目的，且复合菌剂比单一菌剂作用更加明显；要保证具有特定功能的菌剂在生产过程中保持活性和有效活菌数量。

其五，筛选的微生物菌种经长期使用和保藏后，会发生活力降低、纯度降低、菌丝变异等菌种退化现象，严重影响生产应用。因此，要根据菌种本身的特点和菌种制备方法，合理保存菌种，延缓优良性状衰退，保证生产稳定。

其六，加大监督管理力度，加强政策引导推广。优质的生物有机肥在改善农产品品质和土壤生态环境方面有不可替代的作用，但目前其生产和销售还存在很多问题。由于监督和监管存在漏洞，产品质量参差不齐，无法做到优质优价，劣质的生物有机肥不但扰乱了市场，还打击了农户使用生物有机肥的积极性，增加了宣传、推广、销售的难度。因此，要加大监督管理力度，严格把关，提高生物有机肥质量，严厉打击弄虚作假、生产销售假冒伪劣生物有机肥的不法分子；同时制订可行的方案引导宣传和推广生物有机肥，建立示范基地等，提高农户对生物有机肥认知，指导农户合理施用生物有机肥。

综上所述，我国有机废弃物资源丰富，生物有机肥市场潜力巨大，生产和使用生物有机肥对生产优质的绿色有机食品、建设可持续发展的绿色循环农业等具有重要意义。

参考文献

[1] 陈予朋. 关于生猪养殖废水处理的探讨 [J]. 猪业科学，2017 (1)：102-103.

[2] 王振兴，许振成，谌建宇，等. 畜禽养殖业氨氮总量控制减排技术评估研究 [J]. 环境科学与管理，2014 (3)：54-58.

[3] 沈德龙，曹凤明，李力. 我国生物有机肥的发展现状及展望 [J]. 中国土壤与肥料，2007，23 (6)：1-5.

[4] 宋继文. 浅谈有机肥推广应用中存在的问题与对策 [C] //第二届中国有机肥（莲花）产业论坛，2009.

[5] 全国农业技术推广服务中心. 中国有机肥料资源 [M]. 北京：中国农业出版社，1999.

[6] 牛新胜，巨晓棠. 我国有机肥料资源及利用 [J]. 植物营养与肥料学报，2017，23 (6)：1462-1479.

[7] 全国农业技术推广服务中心. 中国有机肥料养分志 [M]. 北京：中国农业出版社.

[8] 李庆康，张永春，杨其飞，等. 生物有机肥肥效机理及应用前景展望 [J]. 中国生态农业学报，2003，11 (2)：78-80.

[9] 马鸣超，姜昕，曹凤明，等. 生物有机肥生产菌种安全分析及管控对策研究 [J]. 农产品质量与安全，2019 (6)：57-61.

[10] 农业部微生物肥料和食用菌菌种质量监督检验测试中心. 登记产品 [EB/OL] //http://www. biofertilizer95. cn/st and ard.

[11] 中华人民共和国农业农村部. NY/T 1109—2017 微生物肥料生物安全技术准则 [J]. 中华人民共和国农业行业标准，2017.

[12] 孙长征，马学良. 生物有机肥生产工艺与关键设备 [C] //农业微生物资源开发与利用交流研讨会论文集. 南宁，2010：27-30.

[13] 范双喜. 生物有机肥生产工艺存在的问题及解决方案 [J]. 中国农业信息，2013 (7)：120-121.

[14] 张海滨，孟海波，沈玉君，等. 好氧堆肥微生物研究进展 [J]. 中国农业科技导报，2017，19 (3)：1-8.

[15] 陈科平，杨琼，杨季冬. 涪陵污水处理剩余污泥的好氧、厌氧两种堆肥处理比较 [J]. 重庆三峡学院学报，2014 (3)：94-97.

[16] 符艳辉. 绿色生物有机肥生产工艺及装备 [J]. 长春工业大学学报，2014 (6)：708-712.

[17] 李典亮，谢放华. 对生物有机肥生产工艺选择的几个问题的思考 [J]. 中国土壤与肥料，2004 (4)：44-46.

[18] 杨青林，桑利民，孙吉茹，等. 我国肥料利用现状及提高化肥利用率的方法 [J]. 山西农业科学，2011，39 (7)：690-692.

[19] 张紫玉. 生物有机肥的发展现状及展望 [J]. 农业与技术，2017，37 (6)：1.

[20] 胡伟，尹显池，游冰. 油茶壳制备生物有机肥应用效果研究 [J]. 现代农业科技，2019 (10)：135，137.

[21] 孙旭，刘臣炜，张龙江，等. 农业废弃物制备生物有机肥及其在小白菜栽培上的应用 [J]. 江苏农业学报，2017，33 (6)：1333-1341.

[22] 王刚和，武松. 一种多功能土壤改良型生物有机肥 [J]. 磷肥与复肥，2018，33 (8)：15-16.

[23] 杨阳，汤小宁，张加魁，等. 利用核桃青皮渣为主料制备生物有机肥及在葡萄上的应用 [J]. 山东农业科学，2017，49 (11)：86-90.

[24] 肖瑛琼，叶发兵. 中药渣生物有机肥的制备及检测 [J]. 湖北师范大学学报（自然科学版），2017，37 (3)：37-42.

[25] 刘晓宇. 利用生物有机肥在西藏日喀则地区栽植杂交构树研究 [D]. 西安：西北大学，2013.

[26] 甘丽红，廖青，田智得，等. 鸡粪发酵肥对桑园土壤肥力及桑树生长的影响 [J]. 南方农业学报，2016，47 (3)：353-358.

[27] 周美文，殷慧，沈斌. 基于猪粪＋稻壳作有机肥与轨道播种结合的机插育秧方法 [J]. 农技服务，2019，36 (9)：62-63.

[28] 刘建. 猪粪生物发酵生产有机肥及其在现代生产中的运用 [J]. 畜牧兽医科学（电子版），2019 (7)：15-16.

[29] 陈默涵，何腾兵，舒英格. 不同生物有机肥对春茶生长影响及其土壤改良效果分析 [J]. 山地农业生物学报，2018，37 (2)：70-73，94.

[30] 付丽军，张爱敏，王向东，等. 生物有机肥改良设施蔬菜土壤的研究进展 [J]. 中国土壤与肥料，2017 (3)：1-5.

[31] 王立刚，李维炯，邱建军，等. 生物有机肥对作物生长、土壤肥力及产量的效应研究 [J]. 中国土壤与肥料，2004 (5)：12-16.

[32] Ahmad R，Arshad M，Khalid A，et al. Effectiveness of organic -/bio - fertilizer supplemented with chemical fertilizers for improving soil water retention，aggregate stability，growth and nutrient uptake of maize（*Zea mays* L.）[J]. Journal of Sustainable Agriculture，2008，31 (4)：57-77.

[33] 唐小付，龙明华，于文进. 生物有机肥在蔬菜生产上的应用现状及展望 [J]. 农业研究与应用，2010 (3)：16-19.

[34] 韩锦峰，张松岭. 生物有机肥对烤烟生长发育及其产量和品质的影响 [J]. 河南农业科学，1999 (6)：11-14.

[35] 孔祥波，徐坤，尚庆文，等. 生物有机肥对生姜生长及产量、品质的影响 [J]. 中国土壤与肥料，2007 (2)：64-67.

[36] 巩子毓，高旭，黄炎，等. 连续施用生物有机肥提高设施黄瓜产量和品质的研究 [J]. 南京农业大学学报，2016，39 (5)：777-783.

[37] 孙世超. 大豆施用生物有机肥对产量及构成因素的影响 [J]. 大豆科技，2002 (4)：10-10.

[38] 刘艳，李波，孙文涛，等．生物有机肥对盐碱地春玉米生理特性及产量的影响［J］．作物杂志，2017（2）：98-103.

[39] 胡可，李华兴，卢维盛，等．生物有机肥对土壤微生物活性的影响［J］．中国生态农业学报，2010，18（2）：303-306.

[40] Gomaa AB，Moawad SS，Ebadah i MA，et al. Application of bio-organic farming and =its influence on certain pests infestation，growth and productivity of potato plants [J]. Journal of Applied Sciences Research 2005，1：2005-211.

[41] 丁文娟，曹群，赵兰凤，等．生物有机肥施用期对香蕉枯萎病及土壤微生物的影响［J］．农业环境科学学报，2014，33（8）：1575-1582.

[42] 曹群，丁文娟，赵兰凤，等．生物有机肥对冬瓜枯萎病及土壤微生物和酶活性的影响［J］．华南农业大学学报，2015（2）：36-42.

[43] 任爽，柳影，曹群，等．不同用量生物有机肥对苦瓜枯萎病防治及土壤微生物和酶活性的影响［J］．中国蔬菜，2013（10）：56-63.

[44] 陈态．烟草多抗生物有机肥对病虫害防治效果及烟株生长的影响［J］．现代农业科技，2009（2）：131-132.

[45] 邵云华，李学良，张艳，等．刘武生物有机肥防治樱桃流胶病试验［J］．山东林业科技，2009，39（4）：54-56.

[46] 陈芳，肖同建，朱震，等．生物有机肥对甜瓜根结线虫病的田间防治效果研究［J］．植物营养与肥料学报，2011，17（5）：1262-1267.

[47] 张丽荣，郭成瑾，沈瑞清，等．不同生物有机肥对马铃薯生长和产量的影响以及防治黑痣病的效果［J］．江苏农业科学，2017，45（14）：66-68.

[48] 张静，杨江舟，胡伟，等．生物有机肥对大豆红冠腐病及土壤酶活性的影响［J］．农业环境科学学报，2012，31（3）：548-554.

[49] 封万里，孙跃春，孙丙富．生物有机肥对药材连作病害的防治作用［J］．中国林副特产，2011（4）：88-90.

[50] 候月卿，沈玉君，刘树庆．我国畜禽粪便重金属污染现状及其钝化措施研究进展［J］．中国农业科技导报，2014，16（3）：112-118.

[51] 刘守强，李武德，陈忠刚．工业微生物菌种质量控制及管理［J］．发酵科技通讯，2009，38（4）：28-30.

6 畜禽规模化养殖场除臭技术

恶臭物质不像固态和液态污染物那样显而易见，在养殖业发展过程中容易被人们忽略。恶臭物质散发出来的味道传播速度快，易造成周围环境和居民的强烈不适，且粪、尿、气都有可能散发出恶臭味，处理难度大，恶臭物已成为畜禽养殖场最为棘手的环境污染问题，严重制约畜禽养殖业的可持续发展[2-3]。

本节从畜禽规模化养殖场臭气的来源、危害、治理现状等方面入手，对现有的一些臭气控制技术进行介绍，养殖户可针对自身情况选择使用。

6.1 畜禽规模化养殖场恶臭的来源

畜禽养殖场恶臭排放主要来源于畜禽舍、粪污贮藏场所、堆肥间、污水池和饲料间等。固体、液体和气体养殖废弃物均能产生臭味，所以恶臭物质消除起来困难较大。大量的恶臭物质也招致环境投诉。欧洲国家对畜禽舍和粪污处理场所投诉较多[4]。而我国关于恶臭的投诉更多涉及施粪过程、畜禽舍和粪污处理贮藏场所。随着环保压力越来越大，治理养殖恶臭物质势在必行。要破解这一难题，首先需了解其产生原因和恶臭物质成分。

畜禽养殖场恶臭物质主要是由微生物分解产生。畜禽粪便中富含大量的微生物，养殖场产生的废弃物养分充足，为微生物的大量生长提供了所需的营养。畜禽粪便在肠道中已开始腐败，新鲜粪便即有臭味，再加上尿液的混入、温度、通风以及时间等因素导致所产生的恶臭味道越来越强[5]。畜禽养殖场粪便恶臭成分复杂，不同畜禽产生的恶臭成分也不同。在猪饲养过程中，饲料中未完全消化或充分利用的营养物质，可随着尿液和粪便排出，并在粪肥储存装置中积累。在粪肥贮存过程中，饲料中蛋白质和碳水化合物在微生物的作用下发酵，形成挥发性脂肪酸、氨、硫化氢、酚和吲哚等[6]。畜禽粪便产生的恶臭成分复杂，可分为挥发性含硫化合物、氨和挥发性胺类、吲哚类和酚类，以及挥发性脂肪酸类等。其中，挥发性含硫化合物包括硫化氢、硫醚类和硫醇类等，氨和挥发性胺类包括氨气、腐氨、尸氨、甲胺和乙胺等，吲哚类和酚类主要是由微生物对苯丙氨酸和酪氨酸的分解产生，挥发性脂肪酸类包括乙酸、丙酸、丁酸、戊酸和己酸等。

6.2 畜禽规模化养殖场恶臭的危害

6.2.1 恶臭对畜禽动物生长的影响

畜禽舍内产生的有害气体能够影响人和动物的呼吸道黏膜，长时间吸入有害气体还会对呼吸道纤毛造成损伤，一旦动物的呼吸道免疫屏障被破坏，就容易产生炎症，导致呼吸道疾病的发生[7]。当畜禽舍内臭气浓度升高，氨气等有害气体会刺激动物的眼结膜，导致泪液分泌，眼屎和泪斑明显增多，容易伤害动物的眼结膜。恶臭物质可与氧分子结合，导致畜禽舍内氧气含量的降低[8]。

6.2.2 环境污染

畜禽规模化养殖场含有多种臭味化合物，恶臭成分复杂，这些物质严重影响周边的大气环境。畜禽粪便中产生的硫化氢、甲基胺、氨气等恶臭气体直接散发到空气中，不仅直接影响养殖场畜禽和养殖工人呼吸系统的正常生理功能，还会对周围的居民的身体健康产生威胁。未经有效处理的粪便中含有的氨气和硫化氢等进入空气中，致使大气中氮含量增加。氮也是酸雨形成的重要物质，酸雨会对水体、土壤、森林和建筑等带来严重危害，不仅破坏地球生态环境，还会造成社会经济损失，更危及人类的生存和发展[9]。农业生产中产生的温室气体如甲烷、二氧化碳等，大多数来源于畜牧业[10]。

由于恶臭物质排放量越来越大，环境投诉案件越来越多。2010 年 1 月 27 日，国家环境保护部在《恶臭排放标准（GB 14554—93）》的基础上，向各有关单位发出《关于征集对修订国家环境保护标准〈恶臭污染物排放标准〉意见的函》。2018 年 12 月 3 日环保部发布了征求意见稿修订，主要规定了 8 种恶臭污染物的一次最大排放限值、复合恶臭物质的臭气浓度限值及无组织排放原的厂界浓度限值（表 6-1）。

表 6-1 恶臭污染物厂界标准值

控制项目	一级	二级		三级	
		新扩改建	现有	新扩改建	现有
氨（mg/m^3）	1.0	1.5	2.0	4.0	5.0
三甲胺（mg/m^3）	0.05	0.08	0.15	0.45	0.80
硫化氢（mg/m^3）	0.03	0.06	0.10	0.32	0.60
甲硫醇（mg/m^3）	0.004	0.007	0.010	0.020	0.035
甲硫醚（mg/m^3）	0.03	0.07	0.15	0.55	1.10

（续）

控制项目	一级	二级		三级	
		新扩改建	现有	新扩改建	现有
二甲二硫（mg/m^3）	0.03	0.06	0.13	0.42	0.71
二硫化碳（mg/m^3）	2.0	3.0	5.0	8.0	10
苯乙烯（mg/m^3）	3.0	5.0	7.0	14	19
臭气浓度（无量纲）	10	20	30	60	70

6.3 畜禽规模化养殖场恶臭控制技术

目前，畜禽规模化养殖场恶臭控制技术有多种，主要是通过物理、化学、生物或者几种方式组合的形式进行除臭。恶臭控制技术原理是通过改变物质的形态和结构，或者是减弱恶臭气体的强度，进而达到去除或减弱恶臭的目的。对恶臭物质控制可以分为原位控制和异位控制两种，原位控制包括体内控制和体外控制两方面，前者指通过体内调控产生较少恶臭物化分物，后者指排出体外的动物粪便等，在恶臭物未清理前采用合理的技术减少臭味的产生；恶臭异位控制技术指在恶臭物质的转运、储存过程中，采用的物理、化学、生物等方法对恶臭物质成分进行脱除的相关技术[27]。原位和异位控制技术在选用的技术方案上无太大差异，只是根据粪便、尿液等恶臭物形成的环节加以区分，通常规模化养殖需要使用多种方法才能达到除臭的目的。下面介绍几种常用的除臭技术。

6.3.1 物理除臭技术

物理除臭技术是利用除臭剂的物理性质，采用吸附、掩蔽和冷凝等降低环境中臭味物质浓度。常见的吸附剂有活性炭、凹凸棒土、陶瓷颗粒、金属纳米等，它们利用自身表面的多孔结构和较大的表面积吸收臭气分子。有一些养殖场采用香味物质遮掩臭气味道，但成本较高。一些养殖场在栏舍周围种植芳香植物，如茉莉、桂花、迷迭香、薰衣草、金银花等香气浓郁的植物，利用植物香气来达到减少臭味嗅觉的目的，值得推荐。

从本质上，物理法无法从根本上消除恶臭物质，只是降低了嗅觉对臭味的感知程度，加之较为高昂的设备成本，在畜禽生产上受到了一定程度的限制[11]。但物理和下面提到的化学法，容易实现工业化和自动化，除臭效果迅速，结合合理工艺设计在除臭领域仍有较好应用。图 6-1 是一种工业化除臭设备，高浓度的气态臭气分子通过冷凝管时，在低温作用下凝聚成液滴。分离出来的液态废气再从冷凝室下部阀门排出。浓缩后的低浓度臭气再进入装有吸附填料的颗粒床，臭气进一步得到净化。冷凝器的优点是可以去除大部分高浓度的有害气体，将臭气进行分级处理，进入吸收填料的只有低浓度的臭气，从而避免了过高的浓度使吸附填料容易达到饱和的缺陷，同时细小的颗粒被过滤掉，以此达到除尘和除臭的目的[12]。

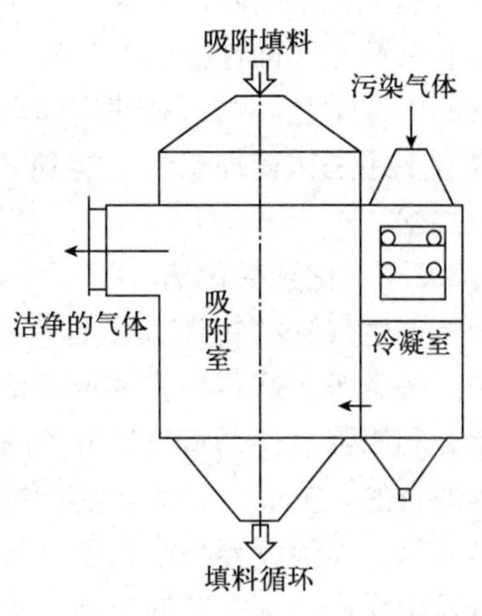

图 6-1　一种冷凝法除臭设备[12]

6.3.2　化学除臭技术

化学除臭技术通过添加化学试剂与恶臭物质发生化学反应，改变其化学结构，使恶臭物质转化为臭味较低或无臭味的物质。常用的有化学吸收法和化学氧化法。

6.3.2.1　化学吸收法

主要利用 NaOH、硫酸等化学试剂来中和臭气中的酸性和碱性物质。以 H_2S 和 NH_3 为例，其主要的反应原理如下：

$$4NaClO+2NaOH+H_2S=4NaCl+Na_2SO_4+2H_2O$$

$$H_2SO_4+NH_3=(NH_4)_2SO_4$$

化学吸收法通常采用多级吸收的方式来提高除臭效率，例如第一级利用酸吸收氨气，第二级利用碱吸收硫化氢等臭气，有的还再加上一级吸附装置，深度处理臭气。图 6-2 是常见的多级吸收装置示意图。

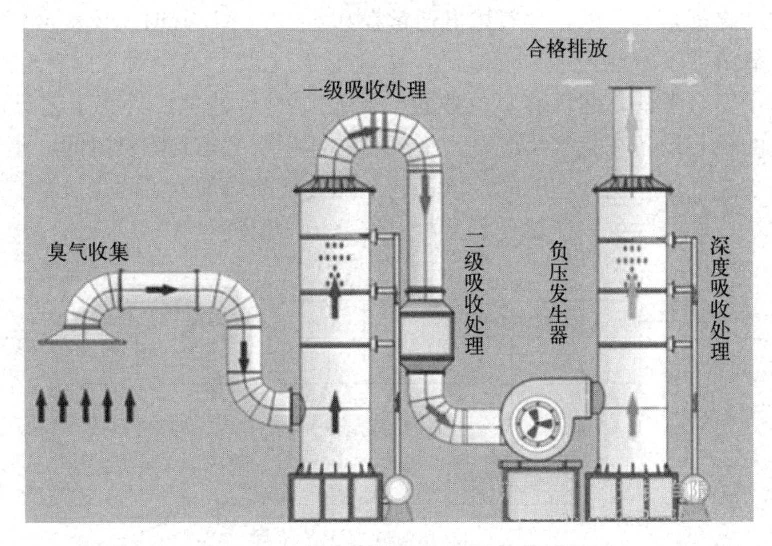

图 6-2　二级化学吸收除臭设备原理图

但是化学吸收法存在一个明显的缺点，就是尾水的处理。未被完全中和的酸和碱都是腐蚀性极强的物质，会破坏环境。此外，硫酸、盐酸等强酸是属于管制的化学品，购买和使用起来需要注意的事项较多。不过化学吸附除臭的除臭效率还是比较理想的，能到 80%～90%，一些规模化的养殖场也在使用此项技术。

6.3.2.2 化学氧化法

产生气味的物质大多是有机化合物，如低分子脂肪酸、胺类、醛类、酮类、醚类等，这些物质都带有活性基团，容易发生化学反应，特别容易被氧化。利用强氧化剂将臭气分子的活性基团氧化，产生无臭味分子，从而达到除臭的目的。臭氧、过氧化物、过氧化氢均有一定的除臭效果，但使用最多的还是臭氧。养殖废弃物中典型臭气成分氨气、硫化氢、胺和硫醇类物质均可与臭氧发生反应，其主要的原理如下：

$$NH_3+O_3 \rightarrow NO_2+H_2O \text{ 或 } NO+H_2O$$

$$H_2S+O_3 \rightarrow S+H_2O+O_2 \rightarrow SO_2+H_2O$$

$$R_3N+O_3 \rightarrow R_3H—O+O_2$$

$$CH_2SH+O_3 \rightarrow [CH_3—S—S—CH_3] \longrightarrow CH_3—SO_3H+O_2$$

臭氧的产生主要有 3 种方式，一是紫外光源激发，二是高压电离，三是电解。目前已有商业化的臭氧发生器，养殖场使用较多的是电高压放电式臭氧发生器。臭氧浓度是决定除臭效果的关键指标，臭氧发生器通常以 g/h 为单位，是指臭氧发生器单位时间内臭氧的产出量。研究表明，一个 80 m^2 的空间使用 5 g/h 臭氧发生器，2 h 后氨气和硫化氢浓度会明显下降。高浓度的臭氧对养殖人员和动物都是有害的，臭氧浓度通常在 0.6～0.8 μL/L 时人体就会感觉到不适，臭氧浓度不宜超过 0.05 μL/L，在这个浓度以下不会对人体产生太大危害。出于安全考虑，建议将臭气收集后再使用臭氧处理，具有工艺见图 6-3。此工艺的核心设备在集气反应室，集气室的体积要考虑到除臭时间，集气室的体积等于臭气体积×处理时间。该工艺还在臭气前端加入了除尘设备，后端加入活性炭，这些既可以保留臭氧又可以进一步净化臭气。

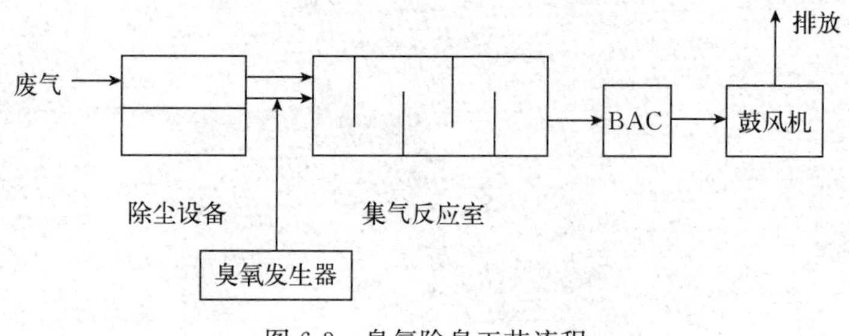

图 6-3 臭氧除臭工艺流程

出于安全考虑，不建议长时间使用臭氧发生器对养殖舍直接除臭。如果长时间使用臭氧发生器，使用后应保持通风 30 min 以上，以降低臭氧浓度。

6.3.3 生物除臭技术

生物除臭技术的原理是通过添加外源功能菌种或生物酶，对恶臭物质直接降解或对产恶臭微生物进行抑制来脱除恶臭。生物除臭法虽然在 20 世纪 50 年代开始发展[9]，因其比物理法和化学法所需设备简单，投资少，处理效率更为有效，并且没有二次污染，发展迅速，已成为畜禽养殖场治理恶臭的重要处理方法[13]。

6.3.3.1 体内除臭

臭气的产生很大一部分是由于饲料中未消化营养物质引起的，因此要解决养殖业的臭气污染问题，首先就要在源头上减少臭气的排放。采用微生物方法调控养殖动物的代谢，增加机体的消化和免疫能力，提高营养物质的消化利用率，是当下除臭研究的热点。常用的微生物手段有两种，一是微生态制剂，二是酶制剂。

微生态制剂是利用对宿主有益无害的益生菌的促生长物质，经发酵工艺制成的制剂。目前广泛应用的有乳酸菌类、芽孢杆菌类、酵母菌等。有益菌群和致病菌群进行竞争，能够有效抑制动物体内的病菌，促进机体的新陈代谢，减少臭气的排放量，促进动物生长。动物肠道中的微生物菌群可以保持动物肠道的平衡，一旦肠道平衡遭到致病菌的破坏，就会影响动物的生长发育。微生态制剂中的有益菌群尤其是乳酸菌，能促进免疫器官的发育，增加免疫细胞的数量，形成一层保护膜，阻碍致病菌的侵入，从而提高动物的免疫能力，起到预防疾病的作用，促进动物的健康生长（表 6-2）。

表 6-2 一些用于养殖动物臭气控制的微生态制剂

动物	方案	参考文献
鸡	日粮中添加 3 g/kg 微生态制剂（主要成分为地衣芽孢杆菌、粪肠球菌、嗜酸乳杆菌）	[14]
奶牛	100 mL/d，2×10^9 CFU/mL 微生态制剂（乳酸菌、酵母菌和芽孢杆菌），氨气减少 50%以上	[15]
猪	芽孢杆菌 BM1 259 制剂	[16]

随着生物技术的发展，目前酶制剂的价格也越来越低，而且我国已形成独具特色的饲用酶产业，一些品种具有国际竞争力。饲料酶制剂是一种能有效改

善动物体内代谢效能和动物对饲料消化率的酶类物质。主要作用是补充畜禽消化道内源酶不足，提高内源酶活性；减少或消除饲料中的抗营养因子，促进营养物质的消化吸收，提高饲料的利用率，改善肠道微生物菌群，从而减少臭气的排放。饲用酶中淀粉酶、蛋白酶、纤维素酶等都能够提高养殖动物消化利用率，减少畜禽粪便的排放量，并且粪尿中氮、磷含量也会下降，从而降低了畜禽养殖场内恶臭气体的浓度[17]。

除微生物细胞外，微生物产生的有机酸也是目前使用较多的控制臭气的产品。微生物产生的有机酸种类很多，微生物在发酵过程中产生的柠檬酸、乳酸、苹果酸、苯乳酸等均具有一定除臭功能。它们在动物消化道中为营养物质提供合适的消化吸收环境，还能控制病原生长。微生物有机酸基本上是纯天然食品，而且腐蚀性小，具有良好的适口性和安全性，功能丰富。柠檬酸能够参加动物体内各种代谢活动，保证机体的正常运作。延胡索酸作为饲料添加剂时，有利于缓解动物的情绪，增强抗应激力[18]。市场上也有一些复合酸化剂出售，它们是有机酸和无机酸配比而成，pH 稳定，有利于提高日粮的酸度值和酶的活性，降低胃肠道碱性离子数量，维持肠道微生态平衡；有利于增强抗应激和免疫功能，参与体内代谢，促进营养成分的吸收[19]。

6.3.3.2 体外调控

臭气分子也是由 C、H、O、S 等分子构成的，一些微生物能够分解和利用部分臭气成分，合成自身需要的营养物质，从而达到除臭的目的。常用的有植物乳杆菌、枯草芽孢杆菌、丛枝菌根真菌、光合菌、固氮菌、放线菌等。细菌生长速度快，表面能吸附水溶性较好的臭气成分；而真菌菌丝较长，可直接与流动气体接触，污染质可以直接传输进入细胞表面，有利于疏水性物质的吸附，而且真菌生存周期长，酶系丰富，处理臭气的效率较高。因而菌种选择上，多使用复合菌株，这样可发挥不同菌株的特性，从而保障除臭效率。就使用方式而言，微生物在体外除臭方式主要有生物滤池、生物洗涤塔和生物滴滤池 3 种。

（1）生物滤池 生物滤池除臭技术是利用附着在滤料介质中微生物在适宜的环境条件下，将恶臭和挥发性有机物等降解为二氧化碳、水和无机盐，适合对大量或特殊的恶臭进行集中处理，可以应用于垃圾场、垃圾压缩转运站、粪便处理厂、禽畜养殖场和处理厂等恶臭严重的场所除臭。图 6-4 是一个简易的生物滤池系统，臭气经集气系统收集后进入增湿器，然后再进入生物滤池净化。如果是恶臭气体的营养不能够满足微生物生长的需要，那么还需要额外补充营养物质。填料是除臭生物滤池的关键，理想的填料具有以下特点：较高的持水能力，孔隙率高、表面积大，适宜多种微生物生长，不易堵塞、压降低，一定的结构强度，较低的密度，价格低，对恶臭气体具有一定的吸附能力，对降解产生的酸类物质具有缓冲能力。常用的填料包括活性炭、土壤、堆肥、泥煤和树皮。活性炭填料 pH 稳定性要好，推荐优先使用。堆肥中含有丰富的微生物，不需要单独添加微生物，也是不错的选择[20]。许多学者建议在生物滤池中接种微生物，但是需要考虑该菌种是否能在填料及环境中生长。一些在实验室环境中分离出来的微生物，并不适合生物滤池除臭，应为它们只能在实验室环境下生长。只有既能快速利用臭气成分，又能适应滤池的菌种才考虑接入[21]。

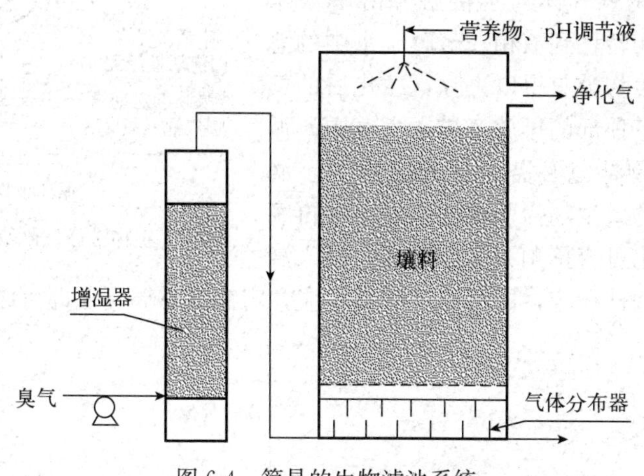

图 6-4　简易的生物滤池系统

H_2S 好氧条件下可被微生物降解为硫酸和亚硫酸，较低的 pH 不利于微生物的生长，进而影响除臭的效率。因此，需要加入碳酸钙、白云石等调节 pH，增加了运行成本。一些适应能力强的微生物，比如硫杆菌能够在低 pH 下氧化 H_2S，硫杆菌最低可在 pH 1～3 范围行使除臭功能，降低运行成本。由于臭气成分复杂，有的呈酸性，有的呈碱性，有的不溶于水，常常导致滤池的除臭效果不理想，可以采取分段式除臭工艺，提高除臭效率[22]。

（2）生物洗涤法　又叫活性污泥洗涤。活性污泥具有丰富的微生物群体和多糖类黏质层，絮体有很大的比表面积，可达 2 000～10 000 m^2/m^3，因此其对众多污染物具有很强的吸附和降解能力[23]。在生物洗涤塔中，利用填料巨大的比表面积进行充分的气液接触，使 H_2S 分子溶解迁移进入液相，再通过活性污泥的吸附、转化降解作用去除（图 6-5）。彭明江等使用活性污泥悬浮液在生物洗涤塔中对氨的平均去除率为 92.3%，对 H_2S 的平均去除率为 69.2%，处理后氨浓度为 0.03～0.09 mg/m^3，远远低于厂界浓度限值[23]。虽然也降低了 H_2S 浓度，但是没有达到排放要求，这和 NH_3 与 H_2S 在水中的溶解性不同有关，氨气易溶于水，而 H_2S 不易溶于水，不易被活性污泥吸附和作用。

(3) 生物滴滤 是介于生物过滤法和生物洗涤法之间的除臭方法，原理和以上两种方法基本一致。生物滴滤塔在下端接入循环液，为微生物生长提供可控的生长条件，因此能够承受较大的污染负荷。气体由滴滤塔底部进入，与由上喷淋而下的循环液形成气水逆流，硫化氢气体与水接触并溶解于水中，即由气相转移到液相。溶解于水中的恶臭成分被微生物吸收得以去除，净化后的气体经由滴滤塔顶部的排放口排入大气中，循环液为微生物补充必需的营养成分[24]。滴滤塔中接入的微生物为驯化的菌株，可再滴滤塔外活化也可直接购买商业菌株，接入滴滤塔中，待菌株稳定，即可启动除臭反应，定期喷淋循环液即可维持反应进行（图 6-6）。

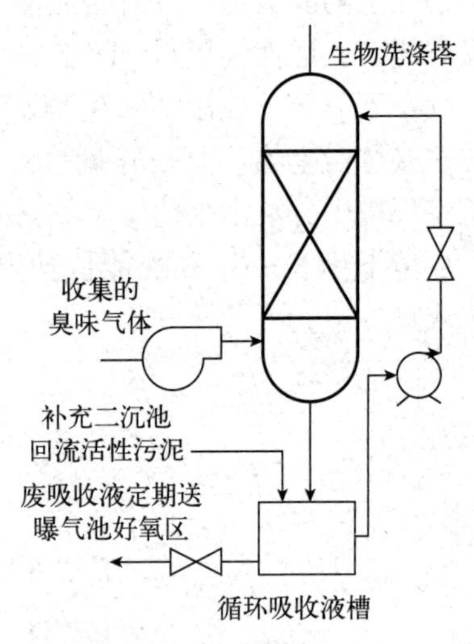

图 6-5 生物洗涤法除臭原理示意图

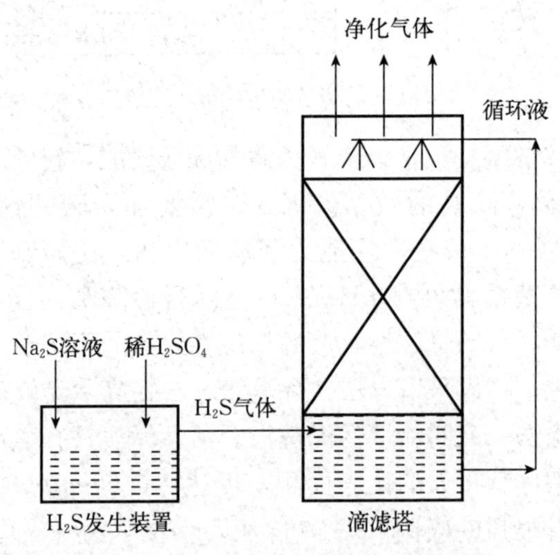

图 6-6 生物滴滤法除臭原理示意图[24]

从现有的试验数据看，生物滴滤法效率比较高。眭光华等利用生物滴滤床除臭系统对污泥浓缩池产生的臭气进行净化，H_2S 和 NH_3 的平均去除率分别为 91.8%和 87.8%[25]。何腾云采用厌氧生物滴滤塔法对冷煤气进行脱硫处理，对 H_2S 等组成的模拟水煤气的脱硫效率达 91.2%[26]。生物滴滤法是一种新的工艺方法，在养殖业中应用较少，希望以后相关厂家加强养殖场除臭设备的研发。工业领域，有较为成熟的设备和工艺，大型养殖场可联系借鉴相关技术。

6.4 畜禽规模化养殖场恶臭控制存在的问题及展望

随着畜牧业的发展和人们环保意识的提高，为了降低粪污对环境的污染以及对人畜的危害，对畜禽粪污进行适当的无害化处理显得尤为重要。目前，国内外除臭技术的研究较多，主要有物理法、化学法和生物法。物理除臭技术和化学除臭技术操作简单，除臭效率较高，但存在治理成本高，容易给养殖场造成二次污染的问题；而生物除臭技术近年来迅速发展，成为除臭技术的重点研究方法。生物除臭法在植物提取物、饲料酸化剂、微生态制剂和饲料酶制剂方面均有报道，而且所需材料较物理和化学除臭技术简单，成本较低，并且没有二次污染，已成为畜禽养殖场除臭的主要方式。微生物除臭技术在畜禽生产中优势明显，对环境适应能力强，应用范围广，并且除臭效果持久，益生菌或益生菌产生的酶能够降低粪便中氨和吲哚等恶臭物质的含量，在畜禽舍内的垫料上喷洒进行充分发酵，微生物可以大大降解粪便中产生的氨氮、硫化氢等有害物质，消除养殖场内的臭味。除臭发酵液能有效抑制有害致病菌的繁殖，减少蚊蝇滋生，增强畜禽免疫功能，促进动物的健康生长。不仅在养殖场的恶臭治理方面有着独特的优势，还可在大气污染治理、土壤污染治理、水污染等多个领域应用。

畜禽规模化养殖是畜牧业发展的重要支撑，随着养殖场规模不断扩大，畜禽粪污的排放量不断增加。为了促进我国畜禽规模化养殖场的可持续发展，恶臭问题不能单靠某一种除臭技术。虽然生物除臭法有许多优点，但是对某些高浓度恶臭物质的处理有一定的局限性，只有综合利用多种除臭技术才能取得较好的效果。通过科学合理的方法降低粪污中有害成分，提高饲养管理水平，积极开发新型高效粪便处理技术，将是研究和发展的重要方向。

参考文献

[1] Hooda PS et al., A Review of Water Quality Concerns in Livestock Farming Areas [J]. Science of the Total Environment, 2000, 250 (1-3): 143-167.

[2] 武淑霞，等. 我国畜禽养殖粪污产生量及其资源化分析 [J]. 中国工程科学，2018，20 (5): 111-119.

[3] 杨柳，邱艳君. 畜禽养殖场恶臭气体的生物控制研究 [J]. 中国沼气，2013，31 (2): 30-33.

[4] Rappert S and Muller R. Odor compounds in waste gas emissions from agricultural operations and food industries [J]. Waste Management, 2005, 25 (9): 887 - 907.

[5] Sun C and Wu H. Assessment of Pollution From Livestock and Poultry Breeding in China [J]. International Journal of Environmental Studies, 2013, 70 (2): 232 - 240

[6] 徐廷生，等. 养殖场粪污的恶臭成分及其产生机制 [J]. 中国动物保健，2001 (7): 36 - 37.

[7] Martinez, J., et al. Livestock waste treatment systems for environmental quality, food safety, and sustainability [J]. Bioresource Technology, 2009, 100 (22): 5527 - 5536.

[8] Nimmermark, S. Influence of odour concentration and individual odour thresholds on the hedonic tone of odour from animal production [J]. Biosystems Engineering, 2011, 108 (3): 211 - 219.

[9] 黄玉杰，陈贯虹，张强. 微生物除臭剂在畜禽粪便无害化处理中的应用进展 [J]. 当代畜牧，2017 (9): 56 - 60.

[10] 蔡火炮，蔡伟强，谢侃. 畜禽粪便污染的危害性及防治对策 [J]. 福建畜牧兽医，2017, 39 (4): 35 - 36.

[11] 李珊红，等. 恶臭气体的治理技术及其进展 [J]. 四川环境，2005, 24 (4): 45 - 49.

[12] 徐云杰. 冷凝吸附一体化除臭设备的研制 [J]. 现代制造工程，2008 (3): 130 - 132.

[13] 刘胜洪，等. 微生物除臭菌对改善畜禽养殖场环境的应用初探 [J]. 天津农业科学，2011, 17 (4): 25 - 27.

[14] 张莉平. 微生态酶制剂对鸡舍空气净化的研究 [J]. 中国畜牧兽医，2010, 37 (7): 229 - 231.

[15] 付晓政，史彬林，李倜宇. 饲喂复合益生菌对奶牛粪便中氨气产生及微生物含量的影响 [J]. 家畜生态学报，2015, 36 (1): 46 - 49.

[16] 霍永久，张艳云，施青青. 芽孢杆菌 1259 制剂对生长育肥猪生产性能及猪粪氨气产生量的影响 [J]. 江苏农业科学，2012, 40 (2): 159 - 161.

[17] 任建波，等. 不同复合酶对断奶仔猪生产性能和饲料养分利用率影响的比较研究 [J]. 饲料工业，2012, 33 (18): 31 - 34.

[18] 石宝明，单安山. 饲用酸化剂的作用与应用 [J]. 饲料工业，1999 (1): 3 - 5.

[19] 王洁，柏文清. 饲用酸化剂作用机制及应用 [J]. 畜禽业，2017, 28 (12): 16 - 18.

[20] 陆日明，等. 填料组成对生物滤池除臭效果的影响 [J]. 农业环境科学学报，2007, 26 (3): 1164 - 1168.

[21] 朱国营，刘俊新. 污水处理厂的生物滤池除臭技术 [J]. 中国给水排水，2003, 19 (8): 23 - 25.

[22] Vol., N., Evaluation of a two - stage biofilter for treatment of POTW waste air, 2010, 18 (3): 212 - 221.

[23] 彭明江，吴菊珍，何小春. 生物洗涤和化学吸收组合工艺处理污水厂臭气工程试验研究 [J]. 环境工程，2016 (12): 88 - 92.

[24] 杨基先，李天罡．高效生物滴滤塔处理硫化氢臭气的试验研究［J］．哈尔滨工业大学学报，2006（8）：1333-1335.

[25] 眭光华，黄锦勇．生物滴滤床除臭系统净化污水处理厂臭气的研究［J］．广东化工，2010，37（6）：200-201，208.

[26] 何腾云，郭小燕，许绿丝．厌氧生物滴滤法脱除冷煤气中硫化氢的研究［J］．环境科学与技术，2012（9）：119-123.

7 病死畜禽无害化处理技术与综合利用技术

我国是畜禽养殖大国，病死畜禽不仅对畜牧业生产造成极大威胁，而且严重污染环境，因此，对病死畜禽及其产品进行无害化处理工作显得尤为重要，处理得当，可以将其变为可利用的高效有机肥；否则会造成环境污染甚至疫病流行。本文主要论述当前病死畜禽无害化处理过程的现状和问题，并总结目前病死畜禽无害化处理及综合利用的方式，以期为完善无害化处理机制，保障生产安全、食品安全及环境安全提供理论依据。

7.1 病死畜禽无害化处理过程的现状和问题

我国是畜禽养殖大国，但养殖的集约化、规模化程度远低于欧美等发达国家。目前，小规模投资的散养户仍然较多。众多的传染性疫病（如禽流感、猪瘟等）给畜禽养殖带来较大的隐患。随着养殖业的迅速发展，病死畜禽数量也随之增加，而这些病死畜禽并未全部得到有效处理，主要原因如下[1-6]。

7.1.1 养殖户意识淡薄，重视不够

一些散养户的意识淡薄，随意丢弃甚至交易病死畜禽。病死畜禽尸体携带大量的病原微生物，易造成水源和环境的污染，对公共安全造成威胁，同时也是养殖场传染病发生的重要诱因。病死畜禽地下交易，造成食品安全问题，冲击市场经济秩序，不利于畜牧业的良性发展。有些养殖场为了节约成本，不愿意投入环境控制成本。大多数养殖场无害化设施缺乏或者不配套，往往难以高效快速处理病死畜禽，需运出场外进行深埋，存在环境污染风险。进行病死畜禽处理的工作人员缺乏相应的安全意识等，无害化处理效果与生产力发展水平不匹配。

7.1.2 政策补贴落实不到位

广大农村小型散养殖户的病死畜禽无法享受补偿政策，除非是发生重大传染病全部扑杀，平时零星发病死亡的畜禽并未纳入补贴范围。养殖户不清楚补

贴的范围；此外，补贴标准过低，不能满足养殖户的需求。广大农村地区农民收入偏低，缺乏无害化处理意识，政府对于补贴政策宣传力度不够，很多补贴流程不够透明公开；许多地区的惠农补贴政策只是在当地的官方网站以及一些缺乏影响力的媒体上刊登。较少有人关注地方网站，养猪的农户更是较少上网，他们更无法了解到相关的补贴政策。大多数小型企业不清楚如何去申报养殖补贴。此外，还有很多地方并未落实关于无害化处理病死猪每头补贴 80 元的政策，或者补贴款不能及时发放到位。

7.1.3 无害化处理技术仍需进一步提升

当前，我国许多无害化处理设施和处理技术还比较落后，推动工厂化、机械化处理工作进展缓慢。传统的无害化处理技术，深埋法、化尸窖法和焚烧法均存在一定缺陷。如深埋法会造成一定的污染，对周边的养殖场仍然会造成一定的安全隐患。深埋法、化尸窖法等均会消耗一定的人工，费时且安全性低。焚烧法产生的烟雾污染环境且需要一定的助燃剂，处理过程仍然会造成一定的环境污染。机械化、工厂化的处理技术，如生物好氧发酵技术、高温灭菌脱水处理技术等，虽然相对于传统技术而言，明显增强了处理效果，提升了处理的安全性，但投入成本较高。一些中小型养殖场不愿意投入，致使目前的病死畜禽处理技术仍然未形成相应的标准，未来畜禽的无害化处理技术将朝着高效化、资源化方向发展，同时要着手降低处理成本。

7.1.4 肉品加工者法制观念不强

有一些肉品加工者的安全意识及法制观念不强，为了经济利益，收购、屠宰、加工一些病死畜禽，并将这些危险肉制品在市场中流通，这些动物尸体存在巨大的食品安全隐患，也是疫病传播的途径之一。病死的畜禽容易滋生细菌或病毒，因此容易传播到别的环境或是突变传染至别的物种，严重影响人们的身心健康与环境安全。

7.1.5 动物监督执法部门监管不严

无害化处理宣传不到位，监管力度不够。我国已出台一系列有关病死畜禽无害化处理的政策，如《病害动物及病害动物产品生物安全处置规程》《动物防疫法》《病死及死因不明动物处置办法》，有关部门也给基层兽医人员发放宣传手册，但知识普及仍不够深入。同时由于资金和执法人员缺少，以及相关案件无人报备，监督力度和监管范围都远远不够。由于养殖场小而散，动物监督执法部门难以全面时时监控，监管任重道远。各地工商、卫生、质监、宣传、教育等部门要充分利用农村食品监管网络和资源，对基层食品药品协管员、信息员加强培训指导；也可借助新闻媒体，以及乡村广播设施，大力宣扬食品安全科普知识和病、毒肉对人体的危害，以及相关法律、法规，提高广大农民的饮食安全意识和自我防范能力。此外，应当制定相应的措施全力保障病死畜禽不能流入市场。首先从养殖环节就要加大抽查力度，掌握病死畜禽情况。在屠宰环节严格检查畜禽无害化处理记录，重点治理私屠滥宰，定点屠宰企业收购、屠宰未经检疫或检疫不合格、病死及注水或注入其他物质的畜禽等行为；在加工环节认真落实各项食品安全质量管理制度，严厉查处使用未经检验检疫或检验检疫不合格、含有“瘦肉精”、病死以及过期变质等不合格原料肉品加工食品的行为；在流通环节严格检查主体资质证明及肉品“两证两章”情况，严厉查处取缔肉品无证经营，重点治理销售私宰肉、注水肉、病死畜禽以及假冒伪劣牛羊肉等行为；在餐饮环节加大对各餐饮服务单位的检查，严禁采购、使用来源不明或不合格畜禽加工食品、加工过程添加非食用物质等行为。确保病死畜禽不能流入市场进入百姓餐桌。

7.1.6 缺少统一固定的无害化处理场所

来自农村散养户及小规模养殖场的病死畜禽，主要以掩埋方式处理，当病死率升高，死亡畜禽数量增加时，则难以及时处理。掩埋尸体的土地需间隔较长时间才能再次被利用，若不集中处理，会造成土地资源严重浪费。

7.2 病死畜禽处理技术

为进一步规范病死及病害动物和相关动物产品无害化处理操作，防止动物疫病传播扩散，保障动物产品质量安全，根据《中华人民共和国动物防疫法》《生猪屠宰管理条例》《畜禽规模养殖污染防治条例》等有关法律法规，农业农村部发布新版《病死及病害动物无害化处理技术规范》（2017），同时废止2012版《病死动物无害化处理技术规范》[7-10]。目前，病死畜禽处理的方式主要有以下几种[11-18]。

7.2.1 深埋法

深埋法是指按照相关规定，将病死及病害动物和相关动物产品投入深埋坑中并覆盖、消毒，处理病死及病害动物和相关动物产品的方法。也是一种比较传统的处理病死畜禽的方法，经济合算。此种方法适用于发生动物疫情或自然灾害等突发事件时病死及病害动物的应急处理，以及边远和交通不便地区零星病死畜禽的处理。不得用于患有炭疽等芽孢杆菌类疫病，以及牛海绵状脑病、痒病的染疫动物及产品、组织的处理[10]。

7.2.1.1　选址要求

场地一定要选在远离居民生活区、学校、工厂、禽畜养殖区、屠宰场所、饮用水源地、河流等地区，地质稳定，且在居民生活区的下风处，在生活取水点的下游，避开雨水汇集地，方便病死禽畜运输和消毒杀菌。

7.2.1.2　技术要求

深埋坑的容积要以实际处理动物尸体及相关动物产品数量确定，深埋坑底应高出地下水位 1.5 m 以上，要防渗、防漏。坑底撒一层厚度 2～5 cm 的生石灰、漂白粉或烧碱等消毒药。对大批量处理的病死禽畜，覆土后病死禽畜离地面至少要有 3 m 深；个别处理的病死禽畜，放一层病死畜禽撒一层生石灰，最后再覆土。覆土后，再对掩埋地周边喷洒消毒剂。覆土后病死畜禽也要离地面至少 1 m 深，且要保证病死畜禽不被野犬等动物扒出来。深埋覆土不要太实，以免腐败产气造成气泡冒出和液体渗漏。深埋后在深埋处设置警示标识。深埋后，第 1 周应每日巡查 1 次，第 2 周起每周巡查 1 次，连续巡查 3 个月，深埋坑塌陷处应及时加盖覆土。深埋后还应当用氯制剂、漂白粉或生石灰立即对深埋场所进行一次彻底消毒，第 1 周内每日消毒 1 次，第 2 周起每周消毒 1 次，连续消毒 3 次。

深埋法操作简单、成本低，为我国大部分地区所采用。但是深埋法占地面积大，尤其在我国经济发达的东部沿海地区，人地矛盾尖锐，相对付出的地价成本较高；西部地区土地广袤，适宜用此法。而且深埋法只对病死畜禽做了简单消毒处理，病原微生物没有完全被杀死，易对土壤和地下水造成污染。这对畜禽养殖场的疫病防控工作提出了巨大挑战，也威胁到人类的身心健康。

7.2.2　焚烧法

焚烧法是指在焚烧容器内，使病死及病害动物和相关动物产品在富氧或无氧条件下进行氧化反应或热解反应的方法。根据实际情况对病死及病害动物和相关动物产品进行破碎等预处理，投至焚烧炉本体燃烧室，经充分氧化、热解，产生的高温烟气进入二次燃烧室继续燃烧，产生的炉渣经出渣机排出，达到无害化处理的目的。焚烧法处理最彻底，细菌病毒彻底死亡，安全性也高。

7.2.2.1　选址要求

焚烧处理厂一般设在远离加油站、居民区、学校、养殖场、屠宰场、食品加工厂的地方，周围设有一定距离的防火隔离带。

7.2.2.2　技术要求

焚烧法工艺流程：进料→焚烧畜禽尸体→烟气处理后排放→灰烬掩埋。在焚烧过程中严格控制进料频率和重量，使病死畜禽或产品能够充分与空气接触，进行完全燃烧。燃烧室内应保持负压状态，避免焚烧过程中发生烟气泄露。畜禽尸体在燃烧的过程中会产生二噁英、一氧化碳、二氧化碳、氮氧化物、酸性气体等污染物，这些废气必须经烟气净化系统处理达标［达到《大气污染物综合排放标准》（GB 16297）要求］后方可排放。燃烧室温度应≥850 ℃。燃烧所产生的烟气从最后的助燃空气喷射口或燃烧器出口到换热面或烟道冷风引射口之间的停留时间应≥2 s。焚烧炉出口烟气中氧含量应为6%～10%（干气）。焚烧的炉渣按一般固体废物处理或做资源化利用，但是需按照《危险废物鉴别标准　浸出毒性鉴别》（GB 5085.3）要求做危险废物鉴定，如属于危险废物，则按照《危险废物焚烧污染控制标准》（GB 18484）和《危险废物贮存污染控制标准》（GB 18597）要求处理。

目前，一般采用简易式焚烧炉焚烧、火床焚烧、节能环保焚烧炉焚烧、生物自动化焚烧炉焚烧等方法。集中焚烧是目前主推的焚烧法之一。几个大中型养殖场联合建立一个大型病死畜禽焚烧处理厂，同时在各个小区域设置若干个冷库，暂存从养殖场收集来的病死畜禽，最后由专门化的无害化处理车将其转运至焚烧厂集中处理。焚烧法需要耗费大量的燃料，成本较高。采用沼气做燃料能够降本节耗。但是，焚烧产生的烟气还无法做到零污染排放，相关技术还有待进一步改革创新。同时，焚烧所产生的灰烬仍需要集中深埋处理。

7.2.3　化制法

化制法是指在密闭的高压容器内，通过向容器夹层或容器内通入高温饱和蒸汽，在干热、压力或蒸汽、压力的作用下，处理病死及病害动物和相关动物产品的方法。使用该方法处理病死禽要求不得用于患有炭疽等芽孢杆菌类疫病，以及牛海绵状脑病、痒病的染病动物及产品、组织的处理。化制法又包括干化法、湿化法。

7.2.3.1　干化法的技术工艺

根据实际情况对病死及病害动物和相关动物产品进行破碎等预处理，并输送入高温高压灭菌容器。处理物中心温度≥140 ℃，压力≥0.5 MPa（绝对压力），时间≥4 h（具体处理时间随处理物种类和体积而定）。加热烘干产生的热蒸汽经废气处理系统后排出，加热烘干产生的动物尸体残渣传输至压榨系统处理。在干化处理的整个过程中，操作系统的工作时间应以烘干剩余物基本不含水分为宜，根据处理物量，适当延长或缩短搅拌时间。使用合理的污水处理系统及废气处理系统，有效去除有机物、氨氮、恶臭气体。达到《污水综合排放标准》（GB 8978）及GB 16297要求后进行排放。此外，操作人员应该符合相关专业要求，持证上岗。处理结束后需要对墙面、地面及相关工具进行彻底消毒。

7.2.3.2　湿化法的技术工艺

根据实际情况对病死及病害动物和相关动物产品进行破碎等预处理，并输送入高温高压灭菌容器。总质量不得超过容器总承受力的4/5。处理物中心温度≥135 ℃，压力≥0.3 MPa（绝对压力），时间≥ 30 min（具体处理时间随处理物种类和体积大小而定）。高温高压结束后，对处理产物进行初次固液分离。固体物经破碎处理后进入烘干系统，液体部分送入油水分离系统进行处理。高温高压容器操作人员应符合相关专业要求，持证上岗。使用合理的污水处理系统，冷凝排放水应冷却后排放，产生的废水应经污水处理系统进行处理，达到GB 8978要求后进行排放。处理车间的废气同样要按照要求进行处理，达到GB 16297要求后进行排放。此外，操作人员应该符合相关专业要求，持证上岗。处理结束后需要对墙面、地面及相关工具进行彻底消毒。

7.2.4　高温法

高温法是指常压状态下，在封闭系统内利用高温处理病死及病害动物和相关动物产品的方法。

根据实际情况对病死及病害动物和相关动物产品进行破碎等预处理，处理物或破碎产物体积≤125 cm^3（长5 cm×宽5 cm×高5 cm），向容器内输入油脂，容器夹层经导热油或其他介质加热，将病死畜禽或其破碎产物输送入容器内，与油脂混合，常压状态下，维持容器内部温度≥180 ℃，持续时间≥2.5 h（具体处理时间随处理物种类和体积而定）。加热产生的热蒸汽经废气处理系统处理达到GB 8978要求后进行排放。加热产生的动物尸体残渣输送至压榨系统处理，达到GB 16297要求后进行排放。此外，操作人员应该符合相关专业要求，持证上岗。处理结束后需要对墙面、地面及相关工具进行彻底消毒。

此外，还有一种更为先进的高温灭菌脱水处理技术，这种技术是将破碎的畜禽尸体置于卧式反应釜，在高温高压蒸汽条件下同时使物料灭菌和脱水，随后压榨提油，残渣用来制作肉骨粉。要求釜内处理物的中心温度在140 ℃以上，压力超过0.5 MPa，处理时间不短于4 h（若物料大，时间应更长），这样病原微生物都能被彻底杀灭，安全性较高。但这也会耗费大量的蒸汽和能量，增加无害化处理的成本。高温灭菌脱水处理工艺流程主要分为3个阶段：前处理—主处理—废物处理阶段。前处理阶段主要包括尸体的冷藏、进料、破碎和输送。要求破碎的粒径不超过50 mm，日处理能力达360～480 t。主处理阶段选用大型灭菌脱水反应釜，处理5 h。物料脱水在抽真空负压条件下进行，脱水后进1号缓存仓预过滤，油脂入加热罐，渣输入榨油机；压榨后，油脂再入加热罐，渣入2号缓存仓，之后将渣送入粉碎机粉碎，制得肉骨粉。废物处理阶段将反应釜内污浊的热蒸汽冷凝成污水。污水按照相应的规定进行处理，达标后再排放。提取的油脂可以广泛应用到化工领域，制备生物燃料、肥皂等产品，残渣用于制作有机肥等。

7.2.5 化学处理法

化学处理法，根据使用的化学试剂的不同分为硫酸分解法、化学消毒法。其主要原理是配制硫酸或碱性消毒溶液，将被处理对象浸泡其中，达到消除危害的目的。

7.2.5.1 硫酸分解法

硫酸分解法是指在密闭的容器内，将病死及病害动物和相关动物产品用硫酸在一定条件下进行分解的方法。将病死及病害动物和相关动物产品或破碎产物，投至耐酸的水解罐中，按照每吨处理物加入水 150～300 kg，后加入 98%的浓硫酸 300～400 kg（具体加水和浓硫酸量随处理物的含水量而设定）。密闭水解罐，加热使水解罐内升至 100～108 ℃，维持压力≥0.15 MPa（绝对压力），反应时间≥ 4 h，至罐内的病死及病害动物和相关动物产品完全分解为液态。处理过程中使用的强酸应按照国家危险化学品安全管理、易制毒化学品有关规定执行，操作人员应做好个人防护。水解过程中要先将水加入耐酸的水解罐中，然后加入浓硫酸。控制处理物总体积不得超过容器容量的 70%。酸解反应及储存酸解液的容器均要求耐强酸。

7.2.5.2 化学消毒法

适用于被病原微生物污染或可疑被污染的动物皮毛消毒，在实际操作中一般会应用盐酸-食盐溶液、过氧乙酸、氢氧化钠溶液等。

(1) 盐酸-食盐溶液消毒法 用 2.5%盐酸溶液和 15%食盐水溶液等量混合，将皮张浸泡在此溶液中，并使溶液温度保持在 30 ℃左右，浸泡 40 h，1 m^2 的皮张用 10 L 消毒液（或按 100 mL 25%食盐水溶液中加入盐酸 1 mL 配制消毒液，在室温 15 ℃条件下浸泡 48 h，皮张与消毒液之比为 1∶4）。浸泡后捞出沥干，放入 2%（或 1%）氢氧化钠溶液中，以中和皮张上的酸，再用水冲洗后晾干。

(2) 过氧乙酸消毒法 将皮毛放入新鲜配制的 2%过氧乙酸中浸泡 30 min，将皮毛捞出，用水冲洗后晾干。

(3) 氢氧化钠溶液消毒法 将皮毛浸入 5%碱溶液（饱和盐水内加 5%氢氧化钠）中，室温（18～25 ℃）浸泡 24 h，并随时加以搅拌。取出毛皮挂起，待碱盐液流净，加入 5%盐酸液内浸泡，使皮上的酸碱中和。将皮毛捞出，用水冲洗后晾干。

化学处理产生的废液仍然要根据要求进行处理，达标后排放。处理结束后需要对墙面、地面及相关工具进行彻底消毒。

7.2.6 生物发酵法

生物发酵法是指将动物尸体及相关动物产品与稻糠、木屑等辅料按要求摆放，利用动物尸体及相关动物产品产生的生物热或加入微生物制剂，利用微生物在适宜的湿度、温度和 pH 条件下，发酵或分解动物尸体及相关动物产品的方法。

生物发酵处理技术使用的原料有锯末、稻壳、米糠、微生物菌种和病死畜禽。生物发酵池应建在地面以上，池壁四周留有通气孔，池顶搭有遮雨棚。生物发酵池的建造工艺参数：池深 1.5 m，长宽之比 2∶1，墙宽 24 cm。在围墙 30 cm 和 60 cm 高度处，每隔 50～100 cm 留一个孔径为 13 cm 左右的通气孔。要求棚檐超出池口 50～100 cm，防止雨水溅入发酵池。发酵层垫料厚度约为 60 cm，覆盖层原料厚度为 40 cm，中间层病死畜禽的质量与发酵池垫料总质量相当。家畜的死胎、胎盘、胎衣，家禽等可直接投入发酵池，大型家畜则需要分解成小块投入发酵。若病死畜禽尸体体积过大，则发酵时易产生臭体和温室气体。将稻壳、锯末、秸秆等作碳源，病死畜禽作氮源，发酵菌在丰富的有机质条件下，持续发酵升温而杀死病原微生物，最终形成无害的有机肥。

生物发酵法在国内尚处于研究与示范阶段，还未完全推广应用，主要是因为生物发酵法的时间较长，占地面积较大，处理效率相对较低，市场上的菌种应用效果参差不齐，不能起到较好的发酵效果，往往会造成相应的隐患，在今后的发展过程中还需要对发酵菌种的有效性进一步进行研究推广应用。

7.3 完善病死畜禽无害化处理的措施

针对目前病死畜禽处理现状，还应当加强完善以下措施，从而将病死畜禽的无害化处理工作做到合法化、合理化，促进健康养殖业的良性循环发展[19-24]。

7.3.1 完善无害化处理设施

根据畜牧业发展情况，尽快健全畜禽尸体无害化处理设施，对养殖场内病死的畜禽统一进行无害化处理。规范施工、科学选址、合理规划并根据不同地区的地质特点科学合理地设置无害化处理池。使用消毒池处理病死畜禽尸体和被污染的动物产品，通过微生物发酵与分解，实现消灭传染源、阻止疫病扩散的目的。市县级养殖场应建立 1 个集约化、机械化的无害化处理中心，每个乡镇应设立 1 个无害化处理场，存栏奶牛 50 头、生猪 500 头、家禽 10 000 羽以上的集约化养殖场必须具备与养殖规模相匹配的无害化处理设施。

7.3.2 规范无害化处理程序

应当组织和召开病死畜禽无害化处理技术宣讲会，介绍畜禽尸体无害化处理的方法，提高从业人员的技术水平。要进一步规范畜禽无害化处理操作程序，制订科学合理的无害化程序，严格按照操作规程进行无害化处理，监督和指导养殖场工人对病死畜禽开展无害化处理。

7.3.3 做好防疫工作

落实好畜禽防疫工作，确保防疫质量，设置合理的免疫接种程序，减少疫病发生，降低畜禽死亡率。搞好圈舍环境卫生，定期对器械和圈舍进行消毒，并对养殖场周围的老鼠、蚊蝇等有害动物进行驱杀，阻止疫病传播。

7.3.4 建立养殖档案

养殖场应建立完善的畜禽养殖档案，规模化养殖场还应建立无害化处理档案，要清楚地记录每只畜禽的“来历”和“去向”。驻场的防治人员也应做好治疗记录工作，认真追踪每只患病畜禽，对无法治愈的畜禽及时隔离和扑杀。

7.3.5 进一步提升无害化处理技术的先进性与实用性

推广科学的养殖理念，推动养殖业标准化和规模化建设，推动养殖业生产方式的转型。根据地域情况、经济发展水平、养殖业发展规模程度和不同处理方式的优缺点等因素选择适宜的无害化处理技术。借鉴国外先进经验，开发更加安全、可靠、高效和经济节约的无害化处理技术，并逐步推广应用。

参考文献

[1] 沈玉君，赵立欣，孟海波．我国病死畜禽无害化处理现状与对策建议［J］．中国农业科技导报，2013（6）：167－173.

[2] 远德龙，宋春阳．病死畜禽尸体无害化处理方式探讨［J］．猪业科学，2013（6）：82－84.

[3] 陈庆如，王明芳，陈传莲．病死畜禽无害化处理存在的问题与对策措施［J］．中国畜牧兽医文摘，2013（5）：93－94.

[4] 吕学芳．病死畜禽无害化处理现状及对策［J］．中国畜牧兽医文摘，2017，33（5）：41.

[5] 郑禧．病死畜禽无害化处理现状方法及对策［J］．中兽医学杂志，2017，198（5）：1－2.

[6] 李牧，贾志清，邓登友．河北省保定市病死动物无害化处理工作的现状与对策［J］．

猪业科学，2014 (3)：63-67.

[7] 欧广志，顾晓丽，金丽．病死畜禽及其产品无害化处理与畜产品安全问题探究 [J]．中国动物检疫，2012，29 (5)：21-22.

[8] 郭小玲．病死畜禽及其产品无害化处理存在的问题及对策 [J]．黑龙江畜牧兽医，2015 (7)：33-34.

[9] 吉洪湖，陈长卿，黄东明，等．病死畜禽尸体无害化处理现状与对策 [J]．农业开发与装备，2014 (1)：146-147.

[10] 孙军．病死畜禽无害化处理统一收集工作初探 [J]．兽医导刊，2008 (11)：17-18.

[11] 杜雪晴，廖新俤．病死畜禽无害化处理主要技术与设施 [J]．中国家禽，2014，36 (5)：45-47.

[12] 张焕忠，魏祥法，成建国．病死畜禽无害化处理新技术 [J]．家禽科学，2016 (8)：21-24.

[13] 龚寒春，黄世娟，翟成兵，等．规模猪场动物尸体生物降解无害化处理技术 [J]．广西畜牧兽医，2015，31，(1)：24-26.

[14] 徐明明，曲湘勇，刘耀文，等．病死畜禽处理的现状及其无害化处理技术．广东畜牧兽医科技．2017，42 (3)：14-17.

[15] 乔娟，刘增金．产业链视角下病死猪无害化处理研究 [J]．农业经济问题，2015 (2)：102-109.

[16] 朱国良，杨卫华，李震伟，等．对农村散养户病死畜禽处理的建议 [J]．上海畜牧兽医通讯，2012 (4)：74.

[17] 浦华，白裕兵．我国病死动物无害化处理与发展对策 [J]．生态经济，2014，30 (5)：135-137.

[18] 麻觉文，洪晓文，吴朝芳，等．我国病死动物无害化处理技术现状与发展趋势 [J]．猪业科学，2014 (10)：90-91.

[19] 龚寒春，黄世娟，翟成兵，等．规模猪场动物尸体生物降解无害化处理技术 [J]．广西畜牧兽医，2015，31 (1)：24-26.

[20] 李海龙，李吕木，钱坤，等．病死猪堆肥高温降解菌的筛选、鉴定及堆肥效果 [J]．微生物学报，2015，55 (9)：1117-1125.

[21] 杨军香．病死畜禽尸体无害化处理现状与资源化利用展望 [J]．饲料工业，2016，37 (13)：1-5.

[22] 王海洲．病死动物无害化处理技术推广应用探讨 [J]．猪业科学，2015 (4)：46-49.

[23] 林海虎．动物疫病防控与保险的有机结合 [J]．中国牧业通讯，2010 (10)：18-19.

[24] 薛瑞芳．病死畜禽无害化处理的公共卫生学意义 [J]．畜禽业，2012 (11)：54-55.

8 种养结合生态循环技术集成研究与应用

种养结合生态循环模式就是种植与养殖有机结合，二者相辅相成。畜禽养殖为种植业提供优质的有机肥，农作物又作为其他畜禽的饲料来源，物质能量在动植物体间充分利用，形成良性循环链。该模式既可解决畜禽粪便资源化利用问题，保护环境，又可降低生产成本，提高经济效益。随着我国养殖业快速发展，主要畜禽产品，如猪肉、禽蛋连续十几年保持世界第一，禽肉产量也已达世界第二位。但畜禽粪便污染问题成为阻碍畜牧业发展的瓶颈，规模化养殖造成的有机污染已相当于全国工业污染的总量，成为目前我国最为严重的污染问题之一。《全国第一次污染源普查公告》显示，我国畜禽养殖业 COD（化学需氧量）排放量高达 1 268.26 万 t，占农业源排放总量的 96%；总氮与总磷排放量分别占 38%和 56%。据最新统计，一个年出栏万头猪的规模化养殖场每年就能够产生固体粪便约 2 500 t，尿液约 5 400 m^3，我国每年畜禽粪便污物总量高达 40 亿 t，粪污排放日趋严重。2017 年 5 月国务院印发了《国务院办公厅关于加快推进畜禽养殖废弃物资源化利用的意见》（国办发〔2017〕48 号），明确提出加快推进畜禽养殖废弃物资源化利用，促进畜牧业绿色发展。主要目标是到 2020 年，建立科学规范、权责清晰、约束有力的畜禽养殖废弃物资源化利用制度，构建种养循环发展机制，全国畜禽粪污综合利用率达到 75%以上，规模养殖场粪污处理设施装备配套率达到 95%以上，大型规模养殖场粪污处理设施装备配套率提前一年达到 100%。畜牧大县、国家现代农业示范区、农业可持续发展试验示范区和现代农业产业园率先实现上述目标。《全国农业可持续发展规划（2015—2030 年）》明确要求“优化调整种养业结构，促进种养循环、农牧结合、农林结合”。根据资源承载力和种养业废弃物消纳半径，合理布局养殖场，配套建设饲草基地和粪污处理设施，发展种养结合循环农业，按照“减量化、再利用、资源化”的循环经济理念，推动农业生产由“资源—产品—废弃物”的线性经济，向“资源—产品—再生资源—产品”的循环经济转变，有利于进一步提升农业全产业链附加值，促进一二三产业融合发展，提高农业综合竞争力，实现农业的可持续性发展。

8.1 种养结合的现状

8.1.1 养殖、种植联系不紧密，种养结合存在脱节现象

养殖的地方种植少，种植的地方养殖少，一定程度上隔绝了粪污还田通道。种养循环发展以畜禽粪污资源化利用为立足点，畜禽粪污为种植业提供植物营养性元素，促进种植业的发展。但是，由于养殖场大多分布在偏远山地等区域，运输半径有限，以就近利用为主，空间分离进一步加剧了种养分离，导致我国畜禽废弃物农田利用率低，粪便氮还田施用量约占排泄量的 30%；粪便磷还田施用量仅占排泄量的约 48%。

8.1.2 种植业以施用化肥为主，畜禽粪污肥料施用比例低

近两年来，随着各地实行化肥农药使用量零增长行动、印发化肥农药减量增效工作要点、印发商品有机肥购置补贴实施方案等，化肥减量的局面初见成效。但粪肥和有机肥肥效长、见效慢、有异味、养分含量不稳定，与化肥肥效高且运输、储存、使用方便等特点形成对比；加之有机肥施用成本高，农业生产重化肥、轻有机肥问题仍然突出。

8.1.3 种植业用肥的季节性与畜禽粪污产生的持续性之间存在矛盾

种植业与养殖业存在时间异质性。一方面种植业需要大量的畜禽粪污肥料，但是这种需求具有季节性；另一方面，畜禽养殖场粪污的产生具有持续性、无季节性和集中性的特点。因此，畜禽粪污肥料要有一个较长的储存时间，导致需要配套建设一定的储存场所与设施，同时流通效率降低，增加了养殖或肥料生产企业的成本，不利于种养循环的可持续发展。

8.1.4 粪肥还田技术需进一步推广普及

粪污施用前的主要处理方式包括鲜粪直接施用、简单堆沤、堆肥生产有机肥、沼液灌溉、达标处理后回用等。不同处理方式导致粪肥养分及质量参差不齐，而且养殖场以出售鲜粪为主，如果处理与利用不当，可能存在重金属、抗生素、病原微生物等二次污染的风险，不仅产生环境污染风险，而且增加农作物安全风险，阻碍了粪污资源化利用的有效推广。同时，畜禽粪污肥料的施用大多凭主观经验，容易导致施肥过多的情况发生，导致粪污肥料养分不能被植物吸收利用而流失，不仅会造成养分浪费，而且存在环境污染风险。因此，粪肥施用要依据作物对于养分的需求，科学按需施用，促进种养循环持续健康发展。

8.1.5 粪肥肥水施用方式简单，机械化水平能力有待提高

种植利用粪肥的主要方式是人工施用，成本较高，而且采用粪肥撒施，沼液与肥水漫灌或喷灌的施用方式会导致肥效流失，存在环境污染风险，影响种养循环的绿色可持续发展。另外，粪污运输与还田成本高，粪污肥料见效慢，施用步骤烦琐，导致农户对粪污利用的积极性不高，一定程度上限制了畜禽粪污的资源化利用。

8.1.6 种植土地分布及归属权零散，不利于规模化施肥

目前，畜禽养殖场基本配备了粪污收集、贮存、处理设施，由于养殖企业自有土地少，开展粪污利用主要依赖于周边土地，但受制于土地集约程度不高，零散的种植户使用难以推广，不利于规模化集中施肥。

8.2 种养结合循环发展体系

针对种养结构失衡、废弃物循环利用不畅等问题，通过科学布局种养业、调优种植结构、稳步发展“粮改饲”、大力推动标准化规模养殖、推广应用畜禽养殖清洁生产技术、加快草食畜牧业发展、突出畜牧业控水、粪污资源化利用以及种植业化肥减施等，开发适用于不同规模、畜禽品种、区域的微型种养循环体系、小种养循环体系、区域中循环体系和跨区域循环体系。

8.2.1 自我消纳循环体系

这种模式主要针对家庭型养殖场（户），这些家庭型养殖场（户）应拥有相应粪污消纳的自有土地，做好雨污、清污分流，配套粪污收集、贮存、处理等设施设备。生猪、牛、羊养殖可采用干清粪或水泡粪工艺，干清粪工艺的固体粪便应采用堆肥—有机肥—种植施用的循环模式，干清粪工艺产生的污水及水泡粪或液泡粪工艺应采用固液分离—厌氧发酵，固体进行堆肥生产有机肥，沼液进行科学稀释后可通过沼液运输车或配套建设的管道运输到自有土地进行喷灌或滴灌施用。如自有土地有限，应对沼液进行深度处理后，利用臭氧等进行消毒处理后循环回用或用于绿化和灌溉土地；家禽养殖应采用干清粪工艺，对收集的粪便进行堆肥生产有机肥后才能施用，冲洗圈舍的污水要用暗沟或管道收集至储存池或塑料桶，进行厌氧发酵后施用于自有土地。由于施肥的季节性特点，应根据需求配套有机肥储存间和沼液或回用水储存池，所有粪污处理能力、储存设施或设备的容积要依据畜禽存栏量和自有土地种植作物类型、产量、种植模式和施肥情况来确定。

8.2.2 基地对接循环体系

这种模式主要能够帮助到不具有自我消纳自产养殖粪污能力的大型规模养殖场。该模式主要通过协调联系周边辐射区域内的种植基地和小型农户，匹配相适应的粪污消纳能力，在农田或基地之间建设容量相适应的化粪储尿池、沼气储存池等粪污治理设备，建设连接各个主体之间的运输管道或者配送适量专业运输车。该模式的特点是充分利用了养殖粪污和沼渣沼液，并且能够做到在田间地头就可以随取随用，解决了种植业季节性施肥的时间分散问题，大大减少了寻找专业化第三方来治理的时间成本和养殖粪污的运输成本，可以说是互利共赢。

8.2.3 园区综合利用循环体系

这种模式多用于以生猪为主产业的大型现代农业园区，区域分布较为分散，但是对废弃物治理及资源化利用所覆盖的区域面积普遍较大。该模式转变了传统的生猪养殖废弃物的治理和利用方式，实现了从单一的养殖模式向种养结合循环农业发展转变，从种养向一二三产多业态融合发展转变，从自我排污向为社会治污绿色发展转变。该模式具有多种资源利用方式相结合的特点，对各种生猪废弃物有针对性的高效治理技术和资源化利用途径，治理能力较强，着眼整县及周边农业废弃物，不再需要外部能源的输入和供给，以园区带动整县废弃物治理进程。这种模式优点在于以点带面，能够推动县域及周边所有养殖废弃物的治理和资源化利用，贯彻了循环经济、绿色农业的发展理念，治理效果较为彻底，污染去除率较高，增加了沼气供应、电力供应以及绿色有机肥供应，减少了污染排放、燃煤使用，利用的产成品创造的实用价值和经济效益较大。但是缺点也较为明显，主要在于对可选择治理主体限制较大，整个模式的建设投资巨大，运行成本较高。

8.2.4 区域专业化集中治理循环体系

区域专业化企业集中治理模式是现有政策在推行的一种新兴的废弃物治理模式。这种模式是以养殖场（户）—专业化治理公司—种植基地为主要联系的三方废弃物治理模式。该模式的运行机制主要是依托政府的牵线搭桥，具有养殖废弃物专业化技术和设备的第三方企业与养殖场（户）、种植农户之间签订长期废弃物治理协议，养殖场（户）提供养殖过程中产出的畜禽粪便，由第三方专业化企业经过专业治理后，第三方企业按照合同要求接收符合环保标准的畜禽粪便，再经过治理加工后将生产的部分有机肥按比例输送给农户，剩余部分作为商品有机肥销售，政府起到全程督导监察的作用。该模式优点在于大大减少了养殖场为废弃物治理的建设投资，并且治理及资源化利用效果也较好，适用的范围大，便于推广。缺点在于现有第三方专业化企业较少，整个模式推广的范围和力度较小。

8.3 种养循环发展的重点模式

根据各地畜禽养殖现状、种植业实际和资源环境特点，因地制宜，以源头减量、过程控制、末端利用为核心，畜禽养殖场依饲养工艺和环境承载力的不同，选择适合的技术模式，提升种养结合水平。推荐的种养循环的重点模式如下。

8.3.1 “畜禽—粪肥—菜/果/作物/茶”循环发展模式

将畜禽养殖产生的固体粪便或生猪养殖场粪污经厌氧发酵后的沼渣按照“固体粪便肥料化利用模式”与其他有机物如秸秆、杂草等混合、堆积，控制相对湿度于70%左右，创造良好的发酵环境，使微生物大量繁殖，导致有机物分解并转化成为植物所能吸收的无机物和腐殖质的过程。而堆肥过程中产生的50～70 ℃的高温，可使病原微生物及寄生虫卵死亡，达到无害化处理的目的，从而获得优质肥料。堆肥发酵过程可分为温度上升期、高温持续期与温度下降期3个阶段。堆肥场产生的滤液以及露天发酵场的雨水集中收集处理，部分回喷至混合物料堆体，补充发酵过程中的水分要求，对于堆肥设备产生的噪声采取消声、隔振、减噪等措施。经堆肥处理后的粪便呈棕黄色，质地松软，含水率小于40%，蛔虫卵死亡率大于95%，粪大肠菌群菌值大于0.01，种子发芽指数不小于70%。堆肥过程中产生的恶臭气体集中收集后进行除臭处理。硫化氢排放浓度应小于0.06 mg/m^3，氨排放浓度应小于1.5 mg/m^3，臭气浓度小于20（无量纲）。

由于粪肥需求的季节性，畜禽养殖场应配套建设适应畜禽粪肥产生量的储存场所。制作符合质量标准的粪肥用于种菜、水果、作物或茶，施肥量要依据作物的需求和粪肥的植物营养元素氮或磷的含量及当季粪肥利用率进行科学施肥，避免盲目过量施肥，造成植物性营养元素的流失，污染环境。

8.3.2 “猪—粪污—菜/果/作物/茶”循环发展模式

将生猪产生的粪污，利用“异位发酵床”模式进行无害化处理。即粪污通过漏缝地板进入底层或转移到舍外，利用垫料和微生物菌进行发酵分解。采用“公司+农户”模式的家庭农场宜采用舍外发酵床模式，规模养殖场宜采用高架发酵床模式。

舍外发酵床模式是指在畜禽舍外且靠近畜禽舍的地方建设的粪污处理设施设备，其底部铺设垫料，调节含水率为50%～60%，利用微生物群降解畜禽粪尿，转化成气体、菌体物质和其他无机物，同时产生一定热量，蒸发部分水分，从而达到粪污降解的目的。粪污贮存设施可按0.2 m^3/头存栏猪设计，降解床面积按0.2 m^2/头存栏猪参数设计，降解床以木屑和谷壳按3∶2比例混合作为垫料，其中木屑比例不得少于20%。

高架发酵床模式是一种污水零排放、高效益的育肥猪养殖模式。该模式采用两层结构的高床猪舍养猪，其中上层养猪，地面采用全漏缝地板结构，养猪生产过程中不冲水，产生的猪粪尿通过漏缝板落入下层垫料中；下层建设垫料发酵车间，铺设木糠等垫料消纳生产过程中产生的生猪粪污，采用专用翻堆机械定期对垫料进行翻堆处理，使生猪粪污在好氧微生物作用下发酵降解，转变成发酵垫料。高床猪舍两层均安装通风系统，上层猪舍采用温度通风，安装湿帘、风机及温度控制器，保证设备的温度、湿度处于最佳范围；下层猪舍主要是排出垫料发酵产生的水汽。

"异位发酵床"使用结束后，对其进行进一步的堆肥无害化处理后，直接还田或制作有机肥、有机—无机复混肥。制作符合质量标准的粪肥可以用于种菜、水果、作物或茶，施肥量要依据作物的需求和粪肥的植物营养元素氮或磷的含量及当季粪肥利用率进行科学施肥，避免盲目过量施肥，造成植物性营养元素的流失，污染环境。

8.3.3 "饲草—牛—粪肥—饲草"循环发展模式

针对规模奶牛养殖场采用干清粪工艺收集产生的固体粪便，按照"固体粪便肥料化利用模式"进行有氧堆肥处理。牛粪与其他有机物如秸秆、杂草等混合、堆积，控制相对湿度于70%左右，创造良好的发酵环境，使微生物大量繁殖，导致有机物分解并转化成为植物所能吸收的无机物和腐殖质的过程。而堆肥过程中产生的50～70 ℃的高温，可使病原微生物及寄生虫卵死亡，达到无害化处理的目的，从而获得优质肥料。堆肥发酵过程可分为温度上升期、高温持续期与温度下降期3个阶段。经高温堆肥处理后的粪便呈棕黄色，质地松软，无特殊臭味，不会滋生蚊蝇。

根据养牛场的规模，一般有条垛式堆肥、槽式堆肥和筒仓式堆肥等。条垛式堆肥是将养牛场粪污与辅料按照一定的比例堆积成条垛状，通过机械周期性翻抛发酵。翻堆频率每周3～5次，整个发酵过程需要30～60 d。条垛式堆肥对设备等条件要求较低，便于在中小型养牛场中开展。槽式堆肥可将强制通风与定期翻堆相结合，槽壁上方轨道安装翻堆机进行翻搅，槽的底部铺设有曝气管道可对堆料进行通风曝气。物料一般在入槽后1～2 d即可达到45 ℃，发酵周期为 15～30 d。槽式堆肥处理粪污量较大，提高了牛粪堆肥的生产效率，适用于大中型养牛场。筒仓式堆肥采用从顶部进料且从底部卸出堆肥的筒仓，在圆筒仓的下部设置排料装置，通过仓底的高压离心机强制通风供氧，以维持仓内堆料的有氧发酵。其主要特点是占地面积小、加工能力大，因而被广泛用于大型养牛场机械化生产。

规模养殖场按需配备一定的自有土地或与农户签订合作协议，种植奶牛养殖所需的饲草，并且施用养殖场生产的粪肥，养殖场与种植户签订协议，收购养殖场所需的全株玉米或玉米秸秆/牧草等饲草资源，生产青贮饲料用于奶牛养殖，实现“饲草—牛—粪肥—饲草”的闭环绿色种养结合循环发展模式。

8.3.4 “沼气工程/厌氧发酵—沼液—还田”循环发展模式

对于生猪/奶牛等产生污水量较大的养殖企业，且配套足够粪污消纳面积的养殖场，或产生的少量污水可以采用污水肥料化利用或专业化能源利用模式处理的养禽场，养殖污水经多级沉淀池或沼气工程进行无害化处理，配套建设肥水输送和配比设施，在农田施肥和灌溉期间实行肥水一体化施用。规模养殖场应配套建设沼气工程，厌氧反应器宜选用升流式固体反应器（USR）、推流式反应器（PFR）、全混合厌氧反应器（CSTR）工艺，水力停留时间需 8 d 以上。经厌氧消化后畜禽粪便有机物降解率不小于 70%。沼液回用于农田时，储存时间不低于 90 d。沼渣经固液分离后含水率小于 85%，堆肥时间不小于 2 周。发酵产生的沼气采用脱水、脱硫等措施进行净化处理后，采用直燃或发电的方式进行利用，发酵产生的沼液（渣）经沉淀后单独收集，沼渣、沼液储存后依据种植作物的养分需求科学稀释后还田。

由于沼液产生量大且相对持续，而农田施用具有一定的季节性，因此，养殖场或种植户应根据沼液的产生量、浓度和配套农田每年的施用量，建设相适应的沼液贮存池，贮存池应做好防渗防漏和防雨处理。养殖场与种植户应协商建设相应的沼液施用配套设施。沼液使用要经过稀释，如果采用管道施用的，应建设有沼液稀释池；如果采用沼液运输车施用的，可直接在沼液运输车内进行混合稀释。规模养殖场宜采用浓缩技术减少沼液产出量，清液回流到厌氧消化，减少工艺需水量和排放量，有效实现沼液的减量化，大大降低运输成本。

8.3.5 “污水处理—消毒回用/浇灌还田”循环发展模式

对于没有足够配套农田或处于环境较为敏感的区域养殖场，以及产生大量污水的生猪、奶牛或种禽等养殖场，应采用“污水处理回用”利用模式，即对养殖污水固液分离后进行厌氧、好氧深度处理，达标消毒回用或浇灌农田。厌氧反应宜采用升流式厌氧污泥床（UASB）工艺，水力停留时间需 5 d 以上；好氧处理可采用配水池→曝气池［采用序列间歇式活性污泥法（SBR）工艺］；深度处理可采用沉淀池→好氧或兼氧稳定塘去除水中的氮和磷。

该模式建立在对粪污进行深度处理以降低有机质、脱氮除磷、除臭抑菌等基础上，粪污处置设施的一次性投资大，运行成本高。因此，养殖场应进行科学雨污分流、清污分流，从源头上减少养殖场的污水产生量；采用干清粪工艺，降低污水中污染物的浓度，减轻后端污水处理的压力；建设配套的固液分离，进一步降低污水中的污染物浓度。对于深度处理达标后的水，利用臭氧等手段进行消毒处理后，进行圈舍冲洗回用、场区绿化、浇灌配套农田或达标排放，最大限度降低对于土地需求的依赖。

8.3.6 “畜禽—昆虫过腹—有机肥”循环发展模式

畜禽养殖过程中的干清粪通过养殖蚯蚓、蝇蛆及黑水虻等进行过腹处理，可降低 50%以上的有机废弃物积累，使干物质转化率达 16%～24%。通过转化粪便产生的虫体蛋白质含量高达 42%～43%，脂肪含量 31%～35%，可以替代鱼粉、豆粕等作为水产养殖动物或家畜蛋白饲料来源，成本低，效果好，可解决畜禽和水产养殖中饲用蛋白质的需求；转化后的剩余残料还田利用，作为有机肥具有显著的促生长增肥效果。这样不仅可以解决畜禽粪便引起的环境污染问题，而且可通过转化获得高附加值的昆虫蛋白饲料添加剂和多功能微生物肥料，使氮、磷等养分重新循环到农地生态系统中，实现废弃物资源化，发展“畜禽—昆虫过腹—有机肥”循环经济模式。

此模式改变了传统利用微生物进行粪便处理理念，可以实现集约化管理，成本低、操作简单、地域适用性广、资源化效率高，无二次排放及污染，适用于远离城镇，养殖场有闲置地，周边有农田，农副产品较丰富的中、大规模养殖场。

8.3.7 “林—禽”循环发展模式

“林—禽”模式是利用林下的广阔空间与透光性较强、空气流通性好、湿度较低的林下环境特点，与放养、圈养和棚养相结合，饲养当地特色品种的鸡、鸭、鹅等的活动。养殖数量应与林地面积相匹配，以不影响生态环境改善和有助于林木生长为原则。“林—禽”模式的主要食物来源是林下昆虫、小动物及杂草资源，林下禽类产生的粪便广而散，能及时降解成为有机肥料促进林木生长。

“林—禽”模式既可以节约饲料成本，又能促进畜禽生长，生产优质的农畜产品，满足市场需要，提高生产者的综合效益。同时林地也不缺肥料，进一步提升了林地的综合经济效益。林下经济的发展能够促进实现农林牧各业资源共享、优势互补，形成良性生态循环体系，实现生态与效益“双赢”。

8.4 推进种养结合生态循环发展的建议

8.4.1 科学饲喂，从源头减少废弃物的产生

在畜禽养殖过程中，选用低碳、合理配比蛋白质含量且低硫的优质饲料，根据畜禽生长阶段合理供应饲料量，根据不同养殖品种和养殖阶段对营养物质的需求量确定供给饲料营养配比，从而提高消化率，促进营养素的吸收，减少营养过剩而造成的畜禽废弃物排放；推广使用微生物制剂、酶制剂等饲料添加剂，提高畜禽饲料转化效率，缩短养殖周期，促进兽药和铜、锌饲料添加剂减量使用，还要研究开发环保饲料及新型饲料添加剂，从源头上减少硫化物和含氮污染物的产生，降低单位产品污染物排放量。

8.4.2 建立畜禽粪污养分管理制度，促进种养结合

畜禽粪污资源化利用是连接种、养两个环节的绿色纽带，种养结合、循环利用已成为社会的共识。畜禽粪便农田利用，不是简单地把畜禽粪便施用到农田土壤，而是需要根据农田作物的养分需求，充分考虑畜禽粪便养分供给量、土壤养分含量，结合周边一系列生态环境参数，进行科学管理。

粪肥生产加工者进行堆肥还田或制作有机肥，应严格按照《畜禽粪便无害化处理技术规范》（GB/T 36195—2018）、《畜禽粪便还田技术规范》（GB/T 25246）或有机肥料（NY 525）等规定标准生产加工肥料，确保肥料符合质量标准要求。肥料监管部门要加强肥料产品品质的监督检查，做好商品有机肥料登记的指导服务，支持鼓励肥料生产加工者使用畜禽粪污为原料生产加工有机肥，促进粪肥还田利用。

粪肥使用者应进行科学施肥，根据土地承载消纳能力合理施肥，避免超出土地消纳能力，出现二次污染。针对液体粪肥，可根据《畜禽养殖粪污土地承载力测算技术指南》（农办牧〔2018〕1号），确定沼液施用量，避免二次污染。液体粪肥可通过管道或车载形式输送至消纳地，加强管理，严格控制输送沿途的弃、撒和跑冒滴漏。液体粪肥施用时一般采用普通喷灌、滴灌等方式，避免传统地面灌溉耗水量大、利用率低以及液体粪肥溢出到消纳地以外的水体等问题。条件允许的情况下，可采用水肥一体化技术。按土壤养分含量和作物种类的需肥规律和特点，将沼液与灌溉水混合，相融后进行灌溉。

8.4.3 培育和壮大第三方服务，推动畜禽粪污还田的机械化和信息化

第三方服务是一种高效的组织模式，在我国部分区域实施取得了良好的效果，对减少面源污染和提高土壤肥力起到了积极作用。在种养结合条件好的地区以及养殖密集区域，设置区域性畜禽粪肥施用服务组织，政府可对运输车辆、施肥机械、服务费用等进行引导性补贴，降低种植户肥料成本，让农户从繁重粪肥施用中解放出来，提高种植户使用畜禽粪肥的积极性。研究推广适合我国不同区域、不同田块类型的粪肥还田利用输送和施肥设备，提高粪肥还田的效率。开展粪肥还田利用的信息化管理，实现粪肥还田从养殖场到田块的全过程信息记录，确保还田利用量的科学准确。

8.4.4 建立全链条农田利用监测网络，强化技术支撑

建立全链条畜禽粪污还田利用监测网络，监测对象包括规模养殖场、畜禽粪污资源化利用专业机构、粪污施用田块 3 个部分。监测环节包括饲料投入、粪污养殖场内贮存处理、粪污运输、还田利用等主要环节。监测内容包括所有环节中的氮磷养分、重金属、抗生素等在粪污、土壤和水体中的含量。各地畜牧部门督促规模养殖场、畜禽粪污资源化利用专业机构和粪污施用农田所有人做好粪污收集、处理、利用等信息台账工作，逐步实现农田利用的可监测、可报告和可核证。在监测示范的基础上，建立粪污还田利用大数据库，并通过与养殖数据和配方施肥等项目的结合，核证指导，科学利用。同时，根据监测结果加强畜禽养殖污染治理、废弃物资源化利用新技术新方法的研究推广应用，鼓励企业积极引进开发先进适用技术工艺和装备。制定和完善种养结合体系建设规范性文件，加大对畜禽粪污、农业废弃物利用技术的开发和应用示范的支持力度。在实现农田利用可监测、可报告和可核证的基础上，实现可解决和可优化的管理和技术集成。

参考文献

[1] 李海鸥，郑引妹，王发国，等．种养结合生态循环农业模式初探［J］．农业与技术，2019，39（18）：90－91.

[2] 袁橙，魏冬霞，解慧梅，等．黑水虻幼虫处理规模化猪场粪污的试验研究［J］．畜牧与兽医，2019，51（11）：49－53.

[3] 宋忠旭，汪开云，李良华，等．猪场粪污处理的方式及利用［J］．猪业科学，2019，36（11）：34－35.

[4] 宋忠俭，赵海涛，钱晓晴．蚯蚓消解畜禽粪便生态资源化利用探析［J］．现代农业科技，2012（23）：228，230.

[5] 席运官，刘明庆，李德波．南方丘陵地区“猪—沼—果—鱼”生产系统农业面源污染控制技术规范［J］．广东农业科学，2014，41（11）：177-180.

[6] 张金辉．种养结合：解决养猪生产中粪污对环境的污染［J］．猪业科学，2015，32（4）：42-43.

[7] 曾锦，鲁艺，李文荣，等．畜禽粪污资源化利用“整县推进”规划调研及可行性分析——以云南省丘北县为例［J］．中国沼气，2019，37（5）：78-83.

[8] 杨雪青，崔文秀．探索畜禽养殖废弃物资源化利用新模式［J］．兽医导刊，2018（23）：52-53.

[9] 洪华君，彭乃木．小规模猪场种养结合型模式实用技术［J］．现代农业科技，2010（15）：361.

[10] 陈思业．生猪养殖场高效种养结合生态循环发展模式［J］．广西畜牧兽医，2018，34（6）：324+331.

[11] 何琼，杨敏丽．基于国外循环农业理念对发展中国特色生态农业经济的启示［J］．世界农业，2017（2）：21-25+36.

[12] 姜海，雷昊，白璐，等．不同类型地区畜禽养殖废弃物资源化利用管理模式选择——以江苏省太湖地区为例［J］．资源科学，2015，37（12）：2430-2440.

[13] 潘华彪，叶军林．农牧结合型生态技术模式分析［J］．中国畜禽种业，2017，13（11）：33.

[14] 刘晨峰，吴悦颖，张文静，等．中国实施种养结合减排效益研究［J］．环境污染与防治，2016，38（5）：87-89，94.

[15] 吴根义，廖新俤，贺德春，等．我国畜禽养殖污染防治现状及对策［J］．农业环境科学学报，2014，33（7）：1261-1264.

[16] 张军，李伟，解金辉，等．农村中小规模养殖场粪污资源化利用模式研究［J］．安徽农业科学，2018，46（31）：66-68.

9 清城区清远鸡产业园废弃物综合利用及前景分析

为了更好促进产业园建设，促进清远市清城区种养结合低碳循环技术的实施，实现美丽牧场的规划与可持续发展，针对鸡场废弃物特点，定向筛选高效降解微生物菌株，利用生物强化降解技术实现有机物料的快速定向降解及矿化。将机械设备与生物技术相结合，建立自动化、智能化、模块化的鸡场废弃物处理工艺。根据产业园鸡场废弃物处理量，选择相应合适的智能化发酵技术生产有机肥，在发酵初期加入功能微生物，加速鸡场废弃物发酵进程，促进鸡场废弃物中抗生素的降解，保证有机肥产品安全，并结合市场需求生产系列有机肥产品。利用专有除臭技术，去除鸡场废弃物发酵过程产生的臭气污染，实现鸡场废弃物高效环保资源化利用。具体实施效果如下。

9.1 产业园鸡场废弃物微生物定向降解技术及发酵工艺

产业园主要废弃物为鸡粪和肉鸡加工过程中的废弃物。由于家禽的消化道较短，鸡粪中含有未消化的营养物质，包括蛋白质、淀粉、脂肪等；肉鸡加工过程中的废弃物主要包括蛋白质、脂肪。课题组针对此类废弃物的特点定向筛选降解微生物，主要包括产蛋白酶微生物、产淀粉酶微生物和产脂肪酶微生物。课题组从 100 余株微生物菌株中共筛选出高效产蛋白酶的菌株和产淀粉酶的菌株，经过 16 s rRNA 和生理生化鉴定，这两株菌株分别属于芽孢杆菌和解淀粉芽孢杆菌。

为提升鸡粪发酵效率，项目组成员优化有机肥发酵工艺，将机械设备和微生物发酵技术相结合，提升自动化水平，研发了一种链板式养殖粪便发酵设备（图 9-1），发酵塔内由上而下设有多个链板发酵层，顶部设有进料口，底部设有出料输送机构。链板发酵层包括两条并排设置的回转式的链条、链板和多个用于支撑链板一端的支撑杆，链条通过电机驱动转动。与传统的回转式的发酵设备相比，该设备能够降低占地面积，节约人工成本。该项技术目前已获得国家知识产权局授权的实用新型专利证书。

微生物发酵的过程将一些有害物质降解，提高了粪便发酵作为有机肥的安全性。这些有机肥用于种植清城区清远鸡产业园内的绿化树木、花草及周边的农田、果林，真正做到养殖废弃物的无害化处理及循环利用。而种植业中的一些加工废弃物，如果渣、米糠、秸秆、青草、树叶、菜叶等，根据其营养成分及特点分类，然后进行基质的组合，并进行发酵工艺优化，将废弃物发酵作为牛、羊、猪、鸡、鸭、鱼等的饲料用于养殖业中，形成了种养结合低碳循环的生态健康养殖技术，可大大降低饲养成本，减少农业废弃物对环境的污染。

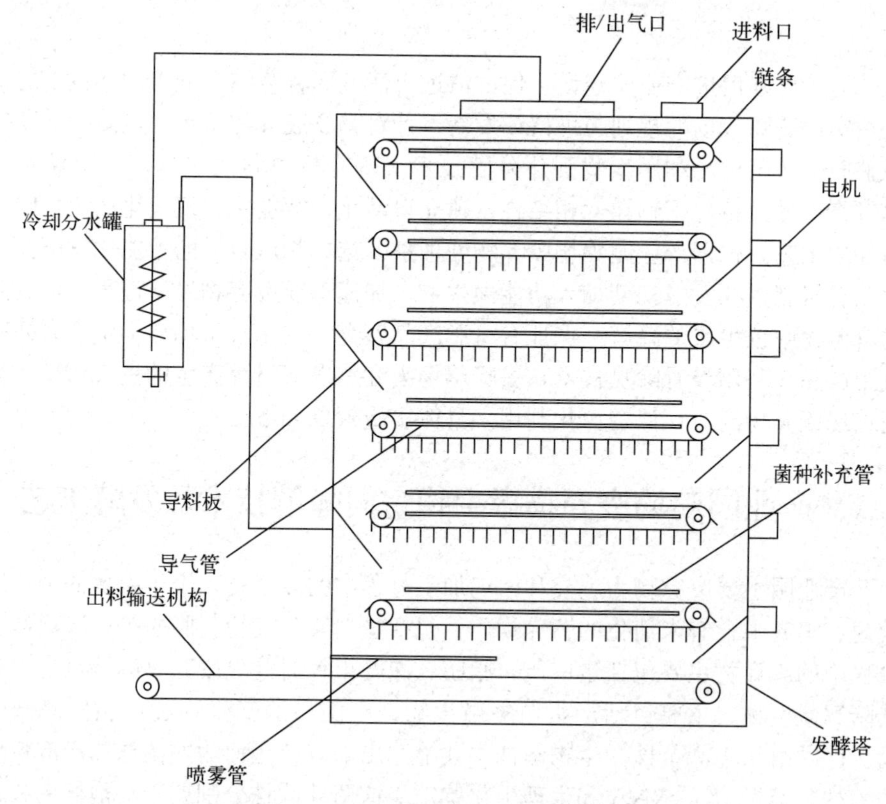

图 9-1　一种链板式养殖粪便发酵设备主要结构

9.2　利用生物除臭技术降低鸡粪发酵过程中氨气浓度

鸡粪中存在大量未被消化的氮源，这部分物质会在好氧发酵的高温过程中产生大量的氨气，污染环境，影响人类和动物健康。研究团队筛选了一种能够高效降解氨气的微生物，其产生的菌酸 pH 为 3.2 左右，和同等 pH 的硫酸相比较，其除臭效率高出数十倍。菌酸除臭效率在 11 h 内均可保持在 90%以上，而硫酸在 20 min 内的平均净化效率仅为 50%（图 9-2）。

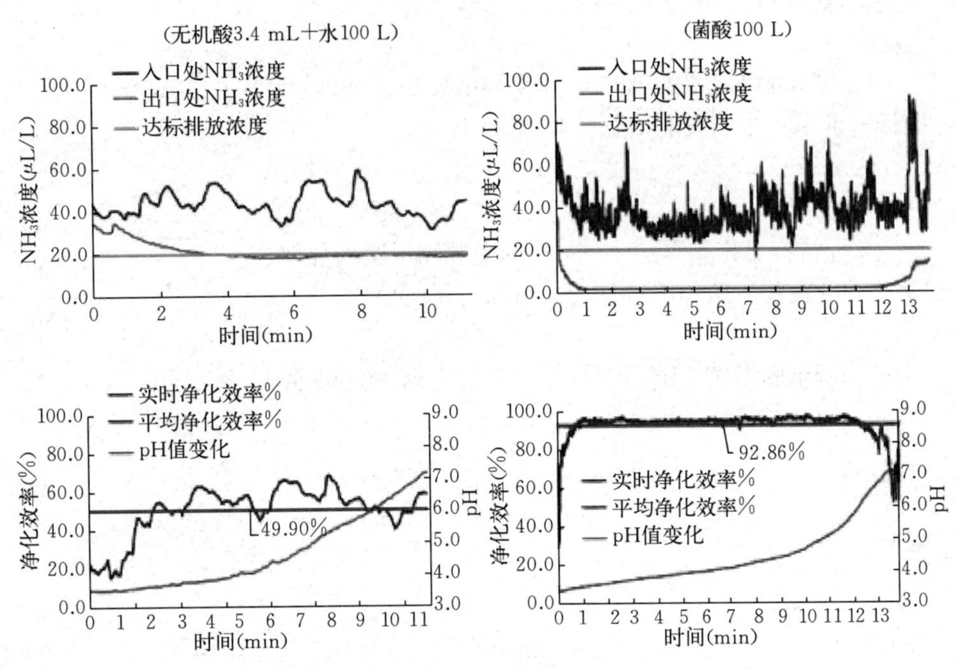

图 9-2 硫酸和高效降解氨气菌酸对氨气的净化效果比较

为提高养殖场畜禽养殖环境检测水平，项目组研发了一套智能化畜禽养殖环境检测系统。将氨气传感器和硫化氢传感器等环境检测设备集成一体化，可智能化地对鸡场、有机肥加工场环境情况进行动态检测，为制订控制臭气排放的技术方案提供重要参考。该设备对氨气的检测范围在 0～100 μL/L，硫化氢的检测范围达到 0～20 μL/L，能有效检测鸡场中的臭气，为养殖者提供信息，根据检测结果及时调整饲养环境、饲喂技术及饲料配方。

总之，农业废弃物无害化处理与资源化利用前景广阔，且是维持种植业与养殖业健康可持续发展的必不可少的重要条件，通过优化废弃物资源配置与处理技术，将一次利用模式改为多次利用模式，延长生态养殖链，融合一二三产业链条，可最大效率利用废弃物，解决生产中更多实际问题。以本产业园的废弃物处理模式为例，通过现代先进的生物技术，无缝对接生态循环链中的上下游技术。建立完善技术推广体系，采取宣传、培训、试点示范等方式，以点带面，切实让技术真正落地，有效实施，实现“零排放”与全面利用。这对提高农业废弃物重复利用率和利用水平，降低环境污染，促进一二三全产业链融合发展，实现农业废弃物资源化利用可持续发展，促进新农村建设具有重要意义。

图书在版编目（CIP）数据

农业废弃物无害化处理与资源化利用技术 / 马现永主编．—北京：中国农业出版社，2021.3

ISBN 978-7-109-27233-0

Ⅰ.①农…　Ⅱ.①马…　Ⅲ.①农业废物－废物处理－研究②农业废物－废物综合利用－研究　Ⅳ.①X71

中国版本图书馆 CIP 数据核字（2020）第 160669 号

中国农业出版社出版

地址：北京市朝阳区麦子店街 18 号楼

邮编：100125

责任编辑：周锦玉

版式设计：王　晨　　责任校对：吴丽婷

印刷：北京中兴印刷有限公司

版次：2021 年 3 月第 1 版

印次：2021 年 3 月北京第 1 次印刷

发行：新华书店北京发行所

开本：700mm×1000mm　1/16

印张：9.25

字数：160 千字

定价：39.80 元